Hand Made 巧手易
台湾第一本专业拼布书系 www.handmade-tw.com
NO.47 巧用图案布

CONTENTS

封面作品作者 / **阿Kat老师(圣诞树小挂饰)**
Judy(圣诞桃子口金包)
封面摄影 / **Akira** 封面设计 / **陈启予** 文字 / **璟安**

Hand Made 巧手易

董事长暨发行人／吕世文
总编辑／徐舒柔
社务顾问／吕永元、林浩正、余万停

编辑部／**黄璟安、陈宇柔、简子杰、李月椿**
特约编辑／**詹宏人**
插画设计／**胡乃文**
彩色、黑白做法绘图／**陈宇柔、李月椿**
摄影／**詹建华、Akira、萧维刚(Vincent)、C.CH、周祯和、Milk、Bobi、J.J**
特约拼布知识指导老师／
冈本洋子、徐旻秀、许爱敏、颜淑媛、张韵、陈宝华、陈节、指吸快子

玩美手工网址：www.wanmeishougong.com
河南科学技术出版社网址：www.hnstp.cn
联系邮箱：hnstpdwhz@163.com

手 艺 新生活的首选

隆德集团

LongTeh

商 品

独家代理欧美、日本等国布料、拼布周边工具、瑞士BERNINA缝纫机、毛线编织、彩绘和纸艺拼贴等商品。

教 学

台湾北、中、南地区4家店装潢精美、师资阵容强大，为手艺爱好者提供学习殿堂。

媒 体

首翊&手艺出版

《Handmade巧手易》杂志（双月刊）、《Happy Craft乐手作》杂志（季刊）、名师著书、翻译书等，分享专业的手艺知识，为创作者提供舞台。

台北店

商品陈列区域明亮、鲜艳

提供BERNINA缝纫机供学员使用

台中店

备有专用停车场，让您更安心

高雄店

洁净明亮的空间设计

是您学习的最佳环境

高雄针车店

1楼专营各种品牌缝纫机

2楼彩绘、纸艺拼贴素材商品专区

首翊&手艺出版

名师图书系列

翻译书系列

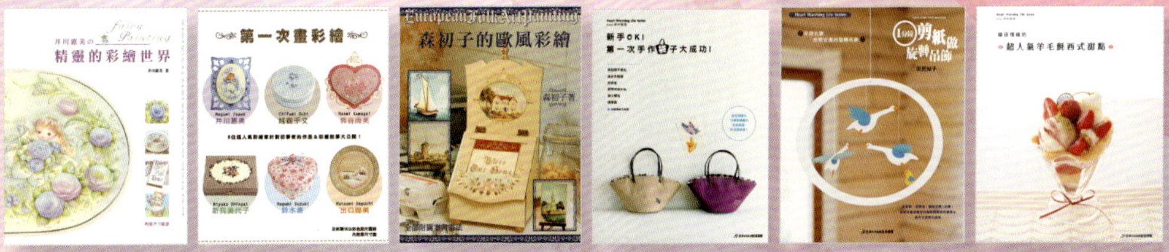

Hand Made NO.47 Quilter List

特别感谢本书协助制作

P.6 伍人慧老师
TEL：0921-160757

2001年5月初次接触拼布艺术，随即专心于拼布领域，并尝试创作、跳出传统窠臼，创造多元文化的风格，使意象无限发挥。
http://mypaper.pchome.com.tw/vsvwu0224

P.8 Yubisui Yasuko 指吸快子老师

出生于日本神奈川县川崎市，杉野短大被服科毕业。在Hearts & Hands拼布学校学习拼布，现在师事拼布作家小关铃子。作品发表于日本手艺杂志，活跃于拼布活动等，国际横滨拼布嘉年华展及东京巨蛋展受赏无数。第一本个人拼布创作书《指吸快子の拼布甜蜜世界》2012年2月即将上市，敬请期待。
更多资讯请至 http://yubiquilt.exblog.jp/

P.8 郭桃甄老师

将生活当成灵感的发电机，随时随地都可以发挥创意，制造意想不到的超迷你惊喜。现为贝采艺生活艺术馆负责人。与日本指吸快子老师共同打造“甜点系拼布小物”单元。第一本个人创作书《手心里的袖珍甜点》上市热卖中。
http://www.wretch.cc/blog/kky021

P.12 小布点拼布艺术 郭铃音老师
TEL：02-23648719

为实现拼布梦，日本文部省通信讲师班毕业后成立工作室，希望借由拼布教学认识更多同好。第一次在《巧手易》发表个人喜爱的羊毛毡技巧搭配拼布作品，希望读者会喜欢。
http://tw.myblog.yahoo.com/petite-bonbon

P.13 鸭子拼布屋 叶美华老师
TEL：0922-983697

三五好友在飘着咖啡香的拼布工作室里，一针一线享受着幸福的时光，小小的空间，完成大大的梦想。
http://tw.myblog.yahoo.com/m561015-yeh/

P.14 Witch 拼布杂货铺 张健蓉老师
TEL：02-82836953

原本只是想打发时间而开始接触拼布，玩到现在也玩出个教室来了，所有的一切就是“疯拼布”，如此简单而已。
http://tw.myblog.yahoo.com/950210-66

P.15 艺漆拼布 蔡佩真老师
TEL：0932-832357

热爱手作的拼布玩家、拼布老师，艺漆拼布负责人。希望与喜欢拼布艺术的朋友们，共同分享这个缤纷多彩的生活空间。
http://tw.myblog.yahoo.com/jerry-sunny/

P.16 红绫艺手工作室 王琼玲老师
TEL：02-28755953

拼布资历20年，日本手艺普及协会第一届拼布讲师暨指导员、日本通信社第一届讲师。在快速的生活节奏里，通过针线的悠游穿梭，体会片刻的宁静与安详，享受满溢的幸福。

P.17 雅樱拼布艺术 林雅樱老师
TEL：04-22559090

著有《我的私房拼布》一书，拼布资历16年。深觉作品要感动自己才能打动别人。

P.18 P.23 Miss Su 拼布学园 苏惠芬老师
TEL：04-23017492

日本手艺普及协会第一届拼布讲师暨指导员，现为Miss Su拼布学园负责人。曾于《巧手易》连载“布的手绣之美”单元。

P.19 多米村拼布教室 黄惠兰老师
TEL：02-86873891

拼布&刺绣资深讲师、光乔第四届拼布讲师，拼布资历14年。《乐手作》Vol.8刺绣单元配合老师。将手工艺视为体验生活的点点滴滴，一个手作的快乐天堂。
http://www.domitsuen.com/

P.20 P.21 魔女工房 林千翠老师 & 苏雅惠老师
TEL：07-2366865

多年的拼布制作已是一种过生活的方式，拼布对我而言是将纸笔、颜料换成针线布的一种艺术，让创作不再只是单纯的拼布。
http://tw.myblog.yahoo.com/witchgirl_lin0636

P.24 台湾拼布网 郭芷廷老师
TEL：02-26548287

由一群对拼布极度喜爱的人所组成的团队，因为热爱所以有很大的期待，期待多样的刺激能激发出更多创作者多元的想象空间。
http://tw.myblog.yahoo.com/quilt_taiwan

P.26 网路作家 Judy
本期封面作品作者

喜欢拼布的网路人气自由作家、桃子妹妹图案原创作者，持续于个人博客发表最新拼布创作作品，深受网友的热烈支持与喜爱。
Judy 的拼布博客 http://tw.myblog.yahoo.com/judy-patch/

P.28 乡村拼布教室 张贵樱老师
TEL：04-22467150

日本 Tsushin 结业讲师、日本余暇协会机缝讲师，拼布资历 17 年以上，现为乡村拼布教室负责人。一针一心思，一线一希望。

P.30 木棉坊拼布美学 洪凤珠老师
TEL：02-24293917

1989 年成立教室至今已 20 多年，在拼布的世界，找到美丽并富有成就感，让生活沉浸在艺术里。
http://tw.myblog.yahoo.com/diana-24293917/

P.32 Kat's quilt garden
阿 Kat 老师
本期封面作品作者 TEL：03-4923937

喜欢玩布块拼接与配色游戏，特别钟爱 30 年代复刻版布与小关铃子风格，深信拼布会带来令人愉悦的心情，让生活更温暖美好，让自己永远年轻喔！
http://www.wretch.cc/blog/quilterkat

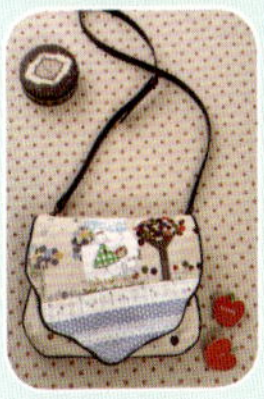

P.34 贝佳时尚布工坊
詹智成老师
TEL：02-25595881

现任贝佳时尚布工坊副店长，创作经历 12 年。作品多次在台湾、日本、韩国参展及参赛。曾获日本拼布大赏袋物冠军，创作颠覆一般拼布，编织一篇篇动人的故事！
http://tw.myblog.yahoo.com/a9411734651029/

P.38 木棉花拼布艺术
李琼惠老师
TEL：03-5342097

1996 年成立木棉花拼布艺术工作室，日本通信社第三届讲师，从事拼布、儿童美术教育 16 年。

P.40 八色屋拼布彩绘
陈慧如老师
TEL：02-22916767

1997 年成立八色屋拼布木器彩绘教室，将喜爱手作及 DIY 的兴趣化为梦想。达人的拼布讲座 Live “拼布 VS 刺绣”现正人气连载中。
http://www.e-colors.idv.tw

P.42 蒲公英拼布彩绘
林彦君老师
TEL：02-89524130

1996 年日本通信社讲师，拼布资历 14 年以上。达人的拼布讲座 Live “拼布 VS 家饰”现正人气连载中。

P.44 Ann

自由作家。《巧手易》内专栏作家，喜欢制作、设计专给幼儿使用的可爱拼布小物，连载持续中。

P.46 悠游工坊 陈宝华老师
TEL：02-28828826

现为悠游工坊负责人，从事拼布制作、彩绘、缎带绣等教学经验超过 20 年。畅销书《风华绝袋 悠游机缝》（首翊＆手艺）好评热卖中。
http://www.wretch.cc/blog/yoyohand

P.50 户塚刺绣协会台北支部

虽然看起来好像很难，其实都是简单的针法。放入小小的袋子当成圣诞节礼物，或利用图案做成装饰物点缀墙壁，请尝试手作的圣诞节吧！透过一针一线，描绘美丽雅致的生活！
http://totsuka1.blogspot.com/
福本晓代老师 fukumoto@gmail.com

P.54 陈莉雯老师

自由作家。《巧手易》“I love HOBBYRA HOBBYRE”连载作家，喜欢布的舒服质感，创作出自己最爱的手作风布作。
gretachern@gmail.com

P.56 幸运草机缝拼布 陈玉金老师
TEL：0937-811690

幸运草机缝拼布教室负责人，擅长使用各式素材、工具搭配拼布作品，于《巧手易》内配合人气专栏好评连载中。

P.68 Kidou Noriko
木藤纪子老师

中学的教职生涯退休后，开始做拼布。拼布资历 19 年。
财团法人日本手艺普及协会拼布指导员
VOGUE 学园名古屋学校讲师
CANDY POT 拼布教室负责人
キルト・カマラード
Charming Quilter's(迷人的拼布者)所属
IQF2006. Robert S Cohan Master Award for Traditional Artistry 等，国内外得奖无数。
noririn@sannet.ne.jp

P.70 熊手作 陈节老师

1990 年成立熊手作拼布教室、日本 Patchwork 通信社第一届毕业、1993 年曾获日本清里拼布周 93` 拼布部门赏、1994 年作品“兔子的梦”于第二回日本 Patchwork 交流获第一名赏、1998 年作品“青春舞曲”于台湾省工研究所第六届征件入选、2000 年获邀于诚品书店成立“私房拼缀”师生创作联展、2010 年迄今为隆德贸易有限公司美术顾问。
amy95251620@yahoo.com.tw

扣襻的设计，避免贵重物品外露！

长耳兔仔乖乖睡·斜背袋

布谷……布谷……已经十二点喽！
快快上床睡觉，今天想听什么床边故事呢？

■作品设计、制作、提供 / 伍人慧老师 ■摄影 / C.CH ■文字 / Brownie ■美术设计 / Celina

完成尺寸：25cm×20cm

初学
有拼布基础的初学者

内附原尺寸图
制作方法请参考P.87

长耳兔仔爱做梦抱枕

轻轻地闭上眼睛，

掉进布满糖果蛋糕的天空，

连空气都飘着巧克力香味，

啊！流口水了，原来是一场梦。

作品尺寸：37cm×28cm

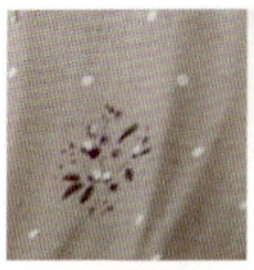

蝴蝶结的收口设计，
散发出甜美的气息。

蛋糕

一块小蛋糕的回忆·储金簿收纳袋

日本梦幻拼布教主 指吸快子 & 台湾袖珍甜点达人 郭桃甄

Open look !

Back look !

你小心翼翼拎着的盒子里，
装着我最喜欢的奶油蛋糕，
就好像呵护着我们的爱情，
那样的温柔细腻万般珍惜。

完成尺寸：10.5cm×16cm

作品尺寸：1.5cm×1.5cm

初学
有拼布基础的初学者

内附原尺寸图
制作方法请参考P.88

■作品设计、制作／指吸快子老师、郭桃甄老师 ■摄影／C.CH ■文字／Brownie ■美术设计／Celina

草莓饼干慕斯
迷你印泥盒

作品尺寸：直径2.5cm

手指粘满奶油，
好过瘾。

初学 有拼布基础的初学者

内附原尺寸图
制作方法请参考P.88

粉红色的约定
印章收纳口金包

完成尺寸：约12cm×6cm

飘着慵懒爵士乐的小屋，

煮一壶肉桂奶茶分着喝，

翻几页熟悉的村上春树，

那年的约定你还记得吗？

世界拼布飨宴 in 上海

小布块，**大魅力**

一块块五颜六色各种花形的布料，用创意的头脑、DIY 的理念和灵巧的双手，一经拼缝，便成了各种或实用，或时尚，或创意更或艺术的拼布作品。

从美国休斯顿到日本东京巨蛋体育场，再到上海世贸商城，国际拼布艺术展吸引着数十万计的拼布爱好者。2011 年 11 月 24 ~ 26 日，“2011 中国国际拼布手工艺术展”向中国的创意手工爱好者们展示了由欧美、澳洲、日本和中国（包括台湾地区）的大师们创作的近百幅作品，30 余家国内拼布教室参展献艺。此次展会上的拼布作品或清新淡雅，或可爱温馨，或艺术抽象，或雍容华贵，从布艺玩偶到艺术壁饰，从强烈的个性色彩到古典唯美情调，从田园风格到现代浪漫，从民族风再到时尚流行，美轮美奂的拼布作品让中国的拼布爱好者们享受了一顿饕餮盛宴。

此次展会上，众多拼布创意手工的工具材料生产销售商、拼布教室及其他手工从业者也都进行了展示和销售。从基础的针、线、布块到高科技缝纫设备，各种新式手工工具层出不穷，让享受手工乐趣的爱好者们更是如虎添翼。

值得一提的是，由河南科学技术出版社有限公司主办的全国唯一官方创意手工服务平台——玩美手工创意 STUDIO 也和台湾隆德贸易有限公司联合展出。一柜柜小布块“得意”地接受拼布爱好者们的欣赏和挑选，一串串迷你马卡龙吊饰摇曳身姿展示着它独特的魅力，漂亮诱人的防水布崭露头角，五花八门的工具材料欲迷人眼，玩美手工创意 STUDIO 成为最具人气的展位，也成为这次展会上一道靓丽的风景线。在展会上，玩美手工创意 STUDIO 与日本可乐、日本有轮商店、日本旺卡纸艺、日本富士克、上海景秀、上海楚艺连、烟台韩之秀等诸多手工工具材料生产商、销售商以及终端商都建立起初步的合作的意向。展后，上海、北京、石家庄、西安、太原、成都、重庆等地方的爱好者及意向客户都以电话或邮件联系，期望建立起长期友好的合作关系。

玩美手工创意 STUDIO 以情趣手工图书为依托，开展工具材料代理销售与设计开发、行业资质培训、手工创意孵化、国际师资共享、手工行业交流研讨等一站式贴心服务。并开发出线上、线下的创意手工服务平台，致力服务于创意手工工具材料生产商、销售商、培训机构、手工从业者及手工爱好者，提供一站式手工创意解决方案。这让致力于中国创意手工产业发展的人们看到未来市场繁荣的希望，也让广大手工爱好者找到一个全新的玩乐交流平台。

享受快乐手工生活，一次成功的拼布手工艺术展让人们看到了希望，看到了未来，相信未来中国的创意手工产业将大放异彩！

Quilt's Top
拼布最前线

for 中、高级生

Top A

趣味布玩咖　图案布造型

用图案决定你的性格！

布的趣味，只有玩咖才能体会！

Top B

布的游乐园

缝纫工具造型

拼布人的好朋友

欢迎光临，布的游乐园！Let's enjoy it!

初学 有拼布基础的初学者

略难 适合拼布程度的中上者

难 适合挑战创作的拼布者

图案布

图案布的取图技巧，一直都是拼布人津津乐道的热门话题。能够最节省用布又能在作品中加入喜爱的图案效果，正是热爱拼布的手作人挑战自我设计创作的一大乐趣。

袋子的侧边和背面，用双面图案布的点点、格子交替变换，做出饼干的感觉！

POINT I

双面图案布：点点VS格子的百搭术

黑森林的圣诞派对包

羊毛毡变成小女孩，
树上挂着闪亮星星，
下着雪的黑森林，
好有圣诞节的气氛喔！

作品设计、制作、提供／郭铃音老师
完成尺寸：29cm×22cm

略
适合拼布程度的中上者
内附原尺寸图
制作方法请参考P.89

：詹建华 ：Anjing ：Celina

红发安妮侧背包

有张小雀斑的可爱苹果脸，
总是扎着辫子的红发安妮，
喜欢和她最好的朋友分享，
女孩们记忆里的童年旧事。

作品设计、制作、提供／叶美华老师
完成尺寸：20.5cm×15cm×8.5cm

作品欣赏

好朋友钥匙包

小时候最好的朋友，
现在的你过得好吗？

初学
有拼布基础的初学者

内附原尺寸图
制作方法请参考P.90

：詹建华 ：Anjing ：Celina

我们的万圣节日记

万圣节那天，
小绿扮成女巫，
我穿上巧克力装，
想学吸血鬼爱德华，
结果巷口的阿咪竟然说：
你比较像晒黑的咖啡豆！

作品设计、制作、提供／张健蓉老师
完成尺寸：92cm×92cm

POINT 3
可爱的节日纪念：
不一样的万圣节

略难
适合拼布程度的中上者

制作方法请参考P.91

：詹建华 ：Anjing ：Celina

美式小屋置物提箱

有人喜欢温暖的四人小屋，
有人喜欢格局宽广的大房，
每一幢房子都是一个梦想，
所以幸福也没有标准答案。

作品设计、制作、提供／蔡佩真老师
完成尺寸：25cm × 14cm × 16cm

：詹建华 ：Anjing ：Celina

略难
适合拼布程度的中上者

➔ 制作方法请参考P.92

猫咪晒拼布居家抱枕

我家有只贤惠的小猫咪，
喜欢趴在拼被上晒太阳。
有时候我也觉得很纳闷，
它是在玩还是在做家事？

作品设计、制作、提供／王琼玲老师
完成尺寸：37.5cm×45cm

抱枕的表布拼接设计。

初学
有拼布基础的初学者

内附爱心压线原尺寸图
制作方法请参考P.93

：詹建华 ：Anjing ：Celina

POINT 6
旅行款的印象布：法式优雅

南法的熏香店袋中袋

欢迎光临！
普罗旺斯的熏香店。
我们这里不只卖花，
也交换你的手作悠闲。

作品设计、制作、提供 / 林雅樱老师
完成尺寸：25.5cm × 19cm(袋中袋)
作品尺寸：20cm × 12cm(长夹)

：詹建华 ：Anjing ：Celina

初学
有拼布基础的初学者

袋中袋制作方法请参考P.94

缝纫工具

一说到缝纫工具，总会忍不住看看工作桌上的伙伴们，
想起和它们一起埋头苦干的手作回忆。
一种工具打造一个故事，你和拼布相遇的故事，
又是用什么工具写下的呢？

MADE针插缝纫小包

针插是针线的心。
这么多年来，
谢谢你们用心陪伴我，
和拼布相处的每一分钟。

作品设计、制作、提供 / 苏惠芬老师
完成尺寸：24cm × 13cm

:优视影像 : Anjing : Celina

初学
有拼布基础的初学者

内附原尺寸图
制作方法请参考P.95

粒粒扣扣归它管：工具置物盒

工具置物盒化妆包

多少颜色的线轴？
又放了几把定规？
消失笔的用途是什么？
这些都问我的置物盒就对了！

作品设计、制作、提供／黄惠兰老师
完成尺寸：26cm×16.5cm

：优视影像 ：Anjing ：Celina

略难
适合拼布程度的中上者

内附原尺寸图
制作方法请参考P.100

洋裁专用：
人形立台与缝纫机

时尚洋裁工具盒

给拼布：我亲爱的老朋友。
把所有的快乐都装进去吧！
这是为你量身定做的，
缝纫时尚小屋。

作品设计、制作、提供／林千翠老师
完成尺寸：42cm×21cm×11cm

:优视影像 : Anjing : Celina

略难
适合拼布程度的中上者

内附原尺寸图
制作方法请参考P.96

※本作品图案参考藤田久美子的《拼布图案318点》。

复古缝纫机收纳小壁饰

我家有一台，
阿妈的复古缝纫机。
从修改学生制服到工作裤管，
随着时间悄悄运转，
陪着我们从孩子成长为大人。

作品设计、制作、提供 / 苏雅惠老师
完成尺寸：35cm×26cm

：优视影像 ：Anjing ：Celina

拼布专用：
剪刀与复古
缝纫机

立体设计的针插，上头
还可以收纳缝针喔！

略难
适合拼布程度的中上者

内附原尺寸图
制作方法请参考P.98

居家必备：
多功能缝纫机

我爱Bernina小提袋

刺绣或是快速压线，
懒得用手缝的时候，
我的缝纫机，
它最了解我的需求。

作品设计、制作、提供 / 布 · 想做工作室
完成尺寸：28cm × 20cm × 7cm

：优视影像 ：Anjing ：Celina

背面的口袋设计。

初学
有拼布基础的初学者

内附原尺寸图
制作方法请参考P.99

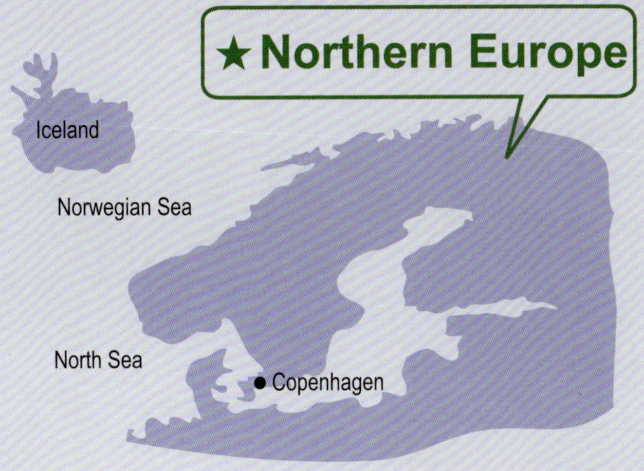

环·游·布·世·界

Travel 6 **Northern Europe**北欧

没有飞机也能环游世界，
跟着作品一起去旅行！

■文字、作品提供、设计、制作 / 苏惠芬老师
■摄影 / Akira　■美术设计 / 薄荷茶

璀璨极光

作品尺寸：103.5cm × 101.5cm

设计缘由

北极圈以北的区域，有著名、壮丽、神秘且璀璨悦目的极光；极光是一场神秘的夜空之舞，每年有无数的人们为了观赏极光不辞千里前往北方大地；此外，要有晴朗好天气，才能有机会目睹这不可思议的光，相传看到可以得到幸福的极光，是件幸运美好的事。但想要看到极光也不是一件容易的事，每年人们想看到极光也只能凭运气。所以当收到编辑部的邀约作品时，就想到使用直线切割技巧做的这幅作品，其中绚丽的颜色与绚烂极光的光影有着不谋而合的相同之处，再加上运用机缝自由曲线的技法加入不同线材，悠游于布与布之间所创造的作品，更有别于以往手缝的风味。

圣诞节的点心厨房（第六回）

■作品设计、制作、做法提供／台湾拼布网 郭芷廷老师 ■摄影／ Akira
■文字／璟安 ■做法绘图／宇柔 ■美术设计／薄荷茶

●内附原尺寸图

小小的杯子蛋糕，
还有一根巧克力棒，
绑上摩卡色缎带，
这是我的甜点厨房。

Food's Point:
将亮橘色的水玉布做成花朵造型的盘子形状，中间还有一个小小的贴布缝蛋糕，让人不被它吸引都难。

初学★
有拼布基础的初学者

作品欣赏

杯子蛋糕与姜饼人的快乐嘉年华桌旗

最喜欢过圣诞节的姜饼人，
这回不在动画电影里客串，
在拼布的世界里，
它和杯子蛋糕都变成主角。

●作品尺寸：46cm×163cm

材料

布料 A：20cm×20cm
布料 B 与后背布同一块：15cm
布料 C 及 D：各 8cm×12cm
布料 E 及 F：7cm×7cm
杯子蛋糕后背布：12cm×12cm
G：1cm 宽缎带 ×9cm
铺棉：32cm×96cm
（折成 32cm×32cm，共三层）
薄布衬 32cm×32cm、水兵缎带 60cm
挂耳用织带 1cm×15cm

做法

1. 将纸型反向，分别将蛋糕及杯子画到冷冻纸上剪下，并烫到布料的背面。
2. 将蛋糕的一边按图②整烫。
3. 将蛋糕布贴缝到杯子布上面（机缝以透明线贴缝，使用前开式压脚，贴缝设定：针位 1.0）并将 1cm 宽的缎带贴缝到杯子上。
4. 将表布与后背布正面对正面，再依冷冻纸的杯子蛋糕形状，全部车缝起来。
5. 修整缝份，并剪牙口，再从后背布中间开一个洞，就可以翻出杯子蛋糕并整烫好。条纹巧克力棒及爱心一样做法做好。
6. 再将做好的杯子蛋糕贴缝到台布上。
7. 将纸型画好一圈，并用缝份圈画出 0.7cm 缝份，记得要标出对齐点。
8. 再将花瓣的布（B 布）对折，一边画上 8 片花瓣，并从布边车缝至记号点，如图⑧。
9. 花瓣处车缝好，缝份往左右整烫。
10. 花瓣正面也要做出圆形及对齐点（用灯箱或复写纸）。
11. 将中间圆的缝份往内烫好。
12. 将圆形车缝到花瓣处，车上水兵缎带装饰。花瓣正面边缘画出缝线（用灯箱或复写纸）。
13. 中间圆形的后面的布都剪掉，只留缝份。
14. 铺上三层棉及薄布衬后，用透明线压线，压好后就把缝份修好。再与 B 布正面相对，沿花瓣全部车缝起来，再把缝份剪小并剪牙口。
15. 从后背布剪十字，就可以将作品翻出来，再将花瓣最外围的线再压一次线。十字开口就用同一块布贴缝起来即可。
16. 挂耳贴缝在后面，完成。

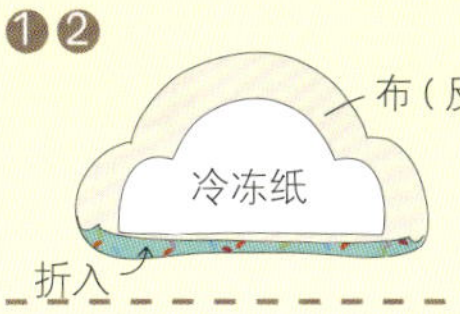

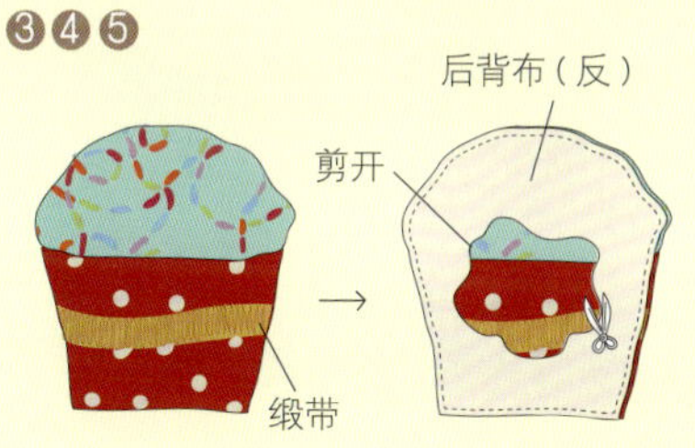

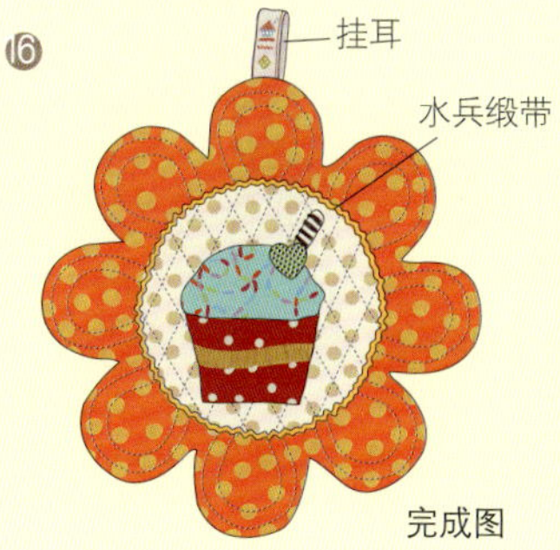

我在芬兰过圣诞（第六回）

●完成尺寸:8cm×7.5cm×5cm

圣诞桃子口金包

听说芬兰的耳朵山，
是圣诞老人的故乡。
如果我写信给他，
愿望就可以实现了，
对吧？

Dress' Point:
一想到圣诞节的装扮，最经典的莫过于帽子。在白雪皑皑的寒冷国度，可爱的耳罩也是必备用品。

略难 ★★
适合拼布程度中上者

●内附原尺寸图

■作品设计、制作、做法提供／Judy ■摄影／Akira
■文字／璟安 ■美术设计／薄荷茶 ■做法绘图／宇柔

作品欣赏

圣诞桃子手拿包

今年的圣诞节，
我想去拉普兰看麋鹿。
希望它们把满满的礼物，
用雪橇送到我的旅馆。

● 作品尺寸:21cm×10cm×5cm

冬天去芬兰看雪，是需要一双手套的！

材料

表布及配色布8色、铺棉1块、里布1块、布衬1块、造型扣1颗、咖啡色绣线适量、装饰小线球1个、8.5cm口金1个

做法

1. 依纸型裁表布、里布、布衬。
2. 依图示贴布缝顺序，依序完成前片贴布。
3. 前、后片及侧边分别表布+铺棉+布衬三层压线，依图示完成回针绣，缝上造型扣及装饰。同尺寸里布烫布衬，备用。
4. 前、后片分别与侧边缝合，缝份处棉尽量修薄。
5. 里布同表布尺寸，烫上布衬（不加缝份）后组合；记得其中一边要留返口。
6. 将里布与表布正面对正面缝合修薄缝份处，再由返口翻回正面，用熨斗将缝份处烫好，返口以卷针缝合。
7. 由口金包的中心往两侧缝上口金，可爱的圣诞桃子口金包就完成喽！

❶❷

❸

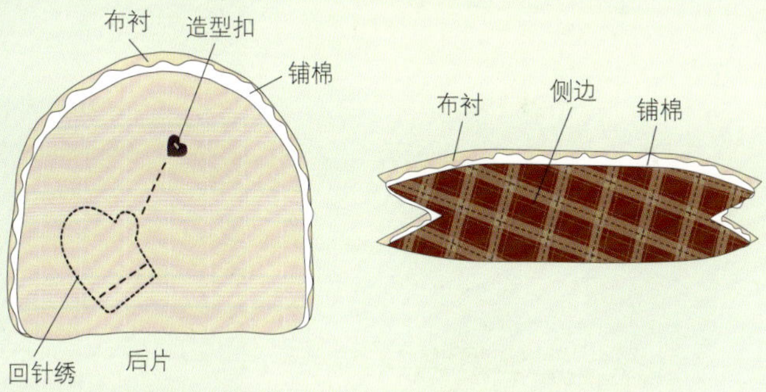

❹❺

❻

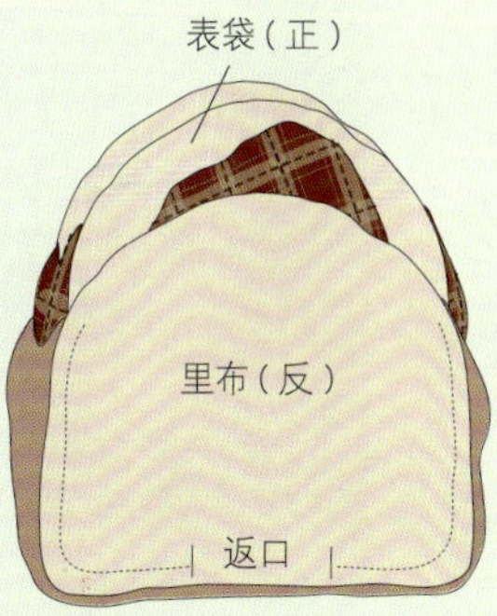

❼

完成图

北越风情（第六回）

圣若瑟教堂

北越河内圣若瑟教堂 (St.Joseph Cathedal) 为典型的歌特式教堂，是法国殖民时期的重要建筑，远看与巴黎圣母院有几分相似，但规模较小，外表却同样散发着一种神圣不可侵犯的庄严。教堂内有华丽的彩绘玻璃，还有描绘天主教故事的画作，每当有庆典时，教友会至教堂进行弥撒，场面十分热闹。

House' Point:

以细腻的图案贴布缝，表现出歌特式建筑的雄伟，上方的凭栏处是刺绣而成，后方的山景则以数片绿色布块拼缝，营造出生动的渐层感。

●完成尺寸:37cm×47cm

■作品设计、制作、文字、风景相片提供 / 乡村拼布教室　张贵樱老师

■摄影 / Akira　■美术设计 / 薄荷茶

●内附图案

●作品尺寸:47cm×37cm

作品欣赏

下龙湾

世界天然奇景“北越下龙湾”，数不清的小岛矗立在碧蓝的海面上，这些岛屿是由有着两亿五千万年历史的石灰岩经溶蚀、堆积，加上海水侵蚀而形成的壮丽非凡的景观，就是所谓的喀斯特地貌。这些数不清的小岛将下龙湾点缀地特别有味道，联合国教科文组织于 1994 年将下龙湾列入“世界遗产”。

巧克力之都（第六回）

Chocolate sundae

巧克力圣代护颈枕

我在飞行的途中睡着了，
梦见苏黎世的巧克力店。
轻尝一口阿尔卑斯山的纯净牛乳，
原来，飞机上也有养了几头牛啊……

●完成尺寸：40cm×35cm ●内附原尺寸图

■作品设计、制作、做法提供／木棉坊拼布美学 洪凤珠老师
■摄影／ Akira ■文字／璟安
■做法绘图／宇柔 ■美术设计／薄荷茶

Shopping's Point:
可爱的甜点图案布，做成旅行必备的护颈枕，让我在小憩之余，也能保持甜美的形象。

初学★
有拼布基础的初学者

●作品尺寸：30cm×30cm

作品欣赏

小瑞士花园提袋

撒上杏仁豆豆的巧克力，
有提袋甜美的迷人香气，
瑞士花园里的可爱小玫瑰们，
正在讨论日内瓦的晨间新闻呢！

材料

表布 38cm×110cm
坯布 38cm×110cm
拉链 30cm 1 条
填充棉

做法

1. 表布 2 片正面对正面，平针缝至拉链止缝点。
2. 表布口布缝上拉链。
3. 坯布 2 片正面对正面平针缝留返口。翻至正面放入填充棉，返口处藏针缝合。
4. 将坯布完成后放入表袋内，拉上拉链即完成。

小叮咛：有弧度的部分，牙口要剪密一点喔！

❶

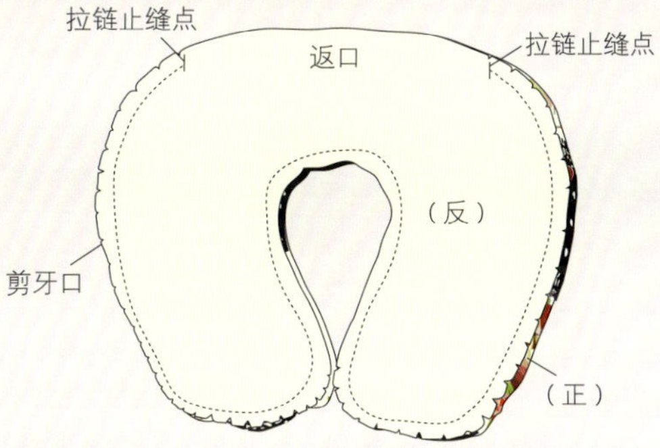

❷

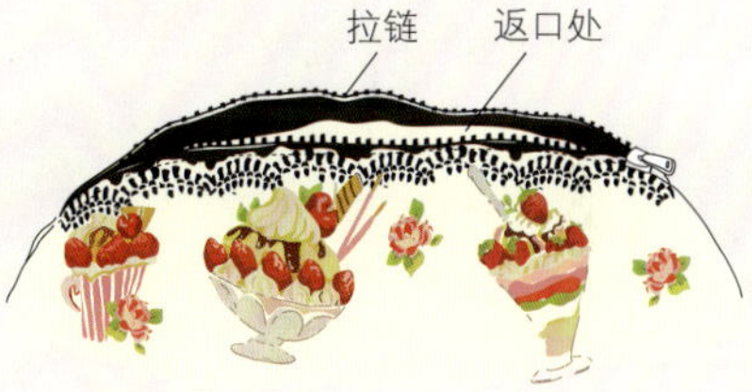

❸

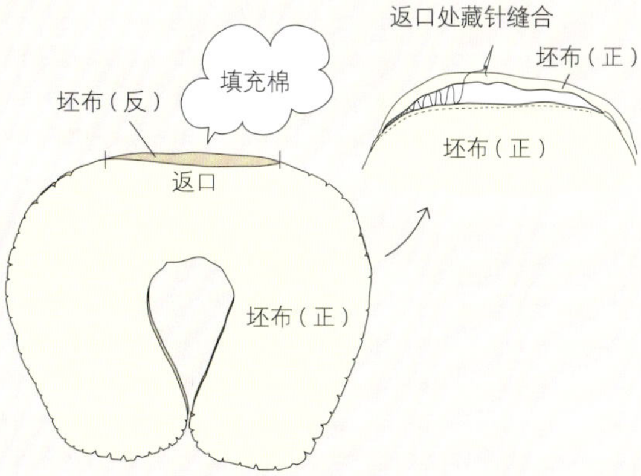

❹

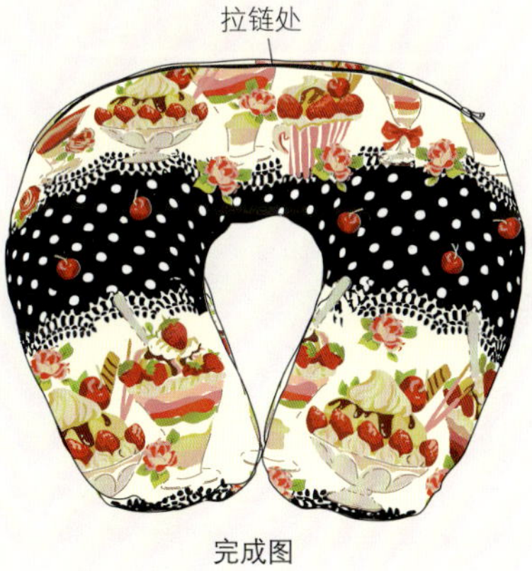

完成图

阿Kat的复刻版布怀旧时光（第十二回）

GIFT DAY
礼物年代

星光夜晚　圣诞树小挂饰

Jingle Bells

我家有三棵小小的圣诞树，
在珐瑯木架子上头排排站。
看起来就好像是，
祝福着平安夜的小小星光。

Merry Christmas & Happy New Year!

■作品设计、制作、做法提供／阿 Kat 老师
■摄影／ Akira　■文字／璟安
■做法绘图／宇柔　■美术设计／薄荷茶

初学★
有拼布基础的初学者

●完成尺寸：43cm×26cm

Hey！
你知道吗?
我最喜欢圣诞节的原因是：
可以跟你玩交换礼物的小游戏。

材料

绿色配色布 3 款
每款 30cm×30cm
浅色底布 55cm×45cm
后背布 45cm×30cm
滚边布 45cm×30cm
铺棉 45cm×30cm

做法

1. 依照需要布置或悬挂的位置丈量尺寸，选择适合的尺寸为小树制图。
2. 配色布裁剪拼接小树图形共三组，进而拼接完成表布。
3. 表布加上铺棉与后背布三层疏缝并完成压线，周围预留 1cm 修剪尺寸。
4. 裁切斜纹滚边用布 4cm×150cm，沿着周围滚边一圈收尾即完成。

❶ 拼接顺序

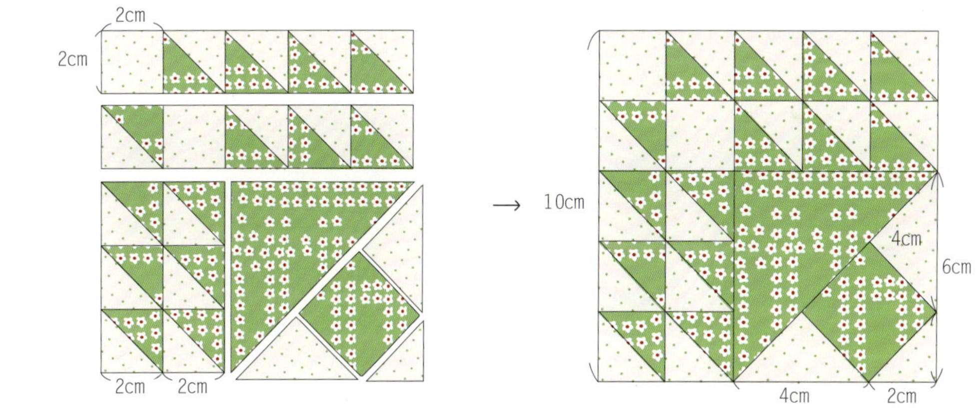

❷❸

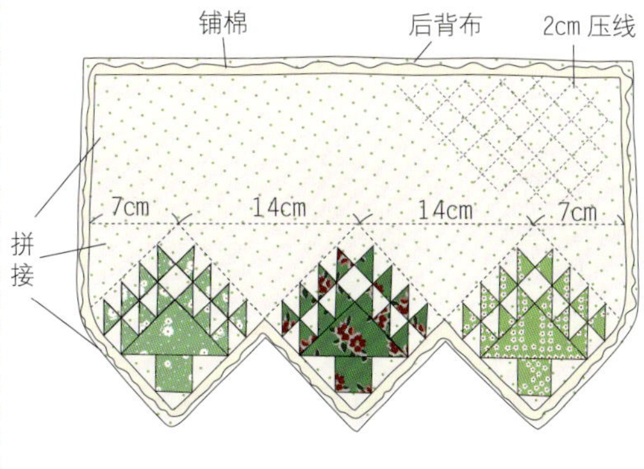

❹

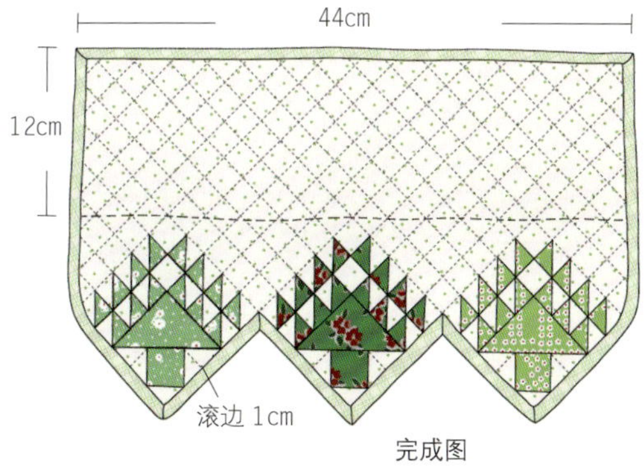

ILLUSTRATION STYLE
曲线插

漫步曲线肩背包

取下布的可爱图案，
做袋物的场景主角，
下方是以清爽的天蓝色
拼接而成的道路，
完美构成作品想要表达
的画面趣味。

略难 ★★
适合拼布程度中上者

■作品设计、制作、做法提供／贝佳时尚布工坊　詹智成老师　■摄影／詹建华
■文字／璟安　■美术设计／薄荷茶　■做法绘图／月椿

●完成尺寸：28cm×24cm

Bag design:

曲线式的创意袋形，成功掳获喜欢可爱风格的手作人心房！双层式的内袋，更添实用性与作品的设计感。

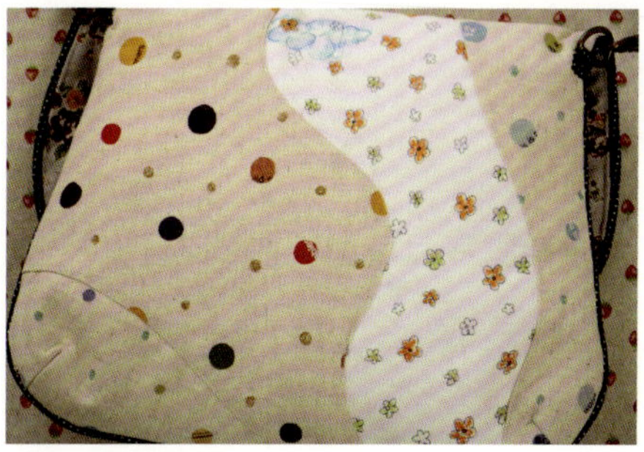

Back Look！

延伸至背面的拼接图案，让我的包包不管是正面、背面都很吸睛！

材料

印花棉麻布 30cm
树：棉麻布 45cm
小花棉麻布 45cm
黑色出芽布
棉绳
30mm 包扣 1 组
磁扣 1 组
侧背带 1 条

做法

1. 将面布 A、B、C、D、E 接合（有加入绘布用色笔）贴衬，加上 3cm 包扣。
2. 贴衬后车合夹角，分别将图 1、2 中的布滚边。
3. 将出芽上至图 1 一圈。
4. 取一里布正面对正面车合上盖，下身里留返口翻出即完成。

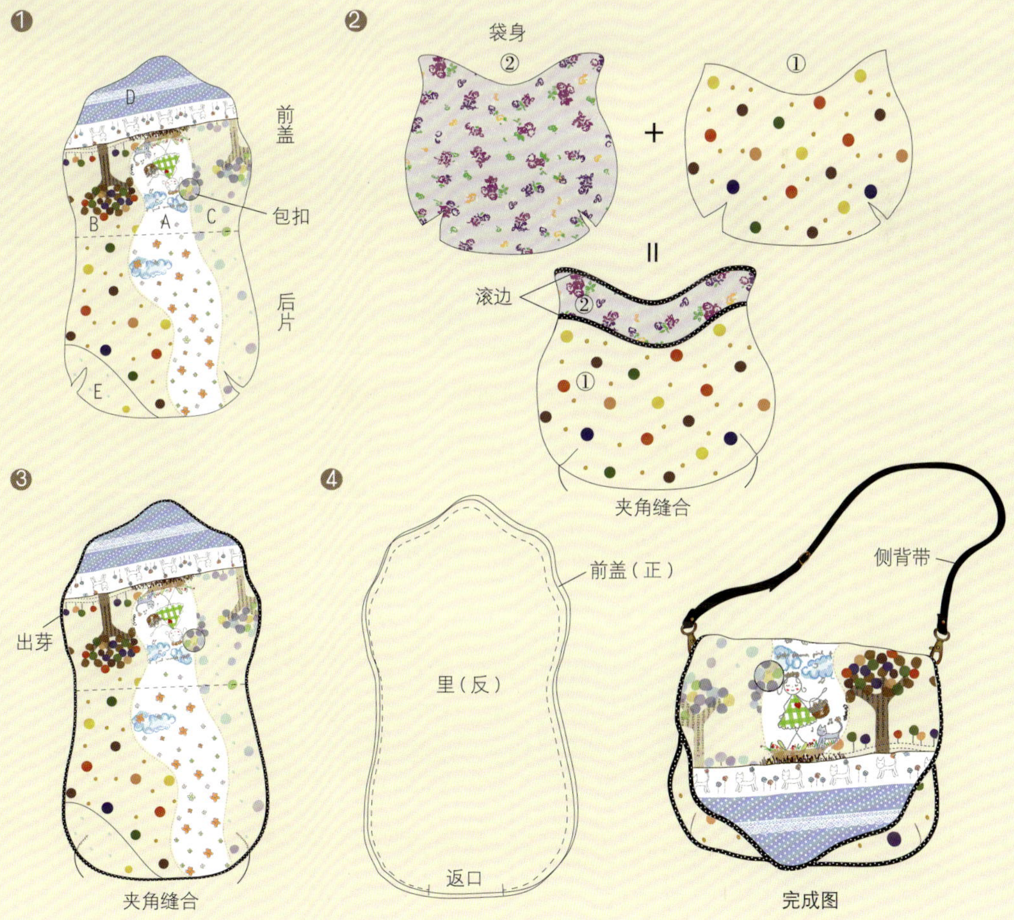

流行新布播报
隆德&有轮合作15周年纪念布

用布料写故事，写出一段 15 年的历史。

作品设计、制作、提供 / 隆德贸易有限公司　许爱敏老师(P.37). 颜淑媛老师(P.36)

摄影 / C.CH　文字 / Brownie　美术设计 / 启予

■完成尺寸：约38cm×33cm

■内附原尺寸图　■制作方法请参考P.101

粉领贵族·购物包

一个人吃饭，

一个人看电影，

一个人旅行散步，

一个人……还是一个人……

时尚艺术家·旅行包

不管到哪里，
总要涂涂写写，
记录旅途的感动，
为生命留下深刻的印记。

■完成尺寸：38cm × 33cm × 16cm
■制作方法请参考P.102

拼布百分百

100 + 毛线 = Taiwan 100 Knitting

岁末之际，我们即将跨越百年，迎接全新的101年喽！紧抓住百年的尾巴，
拼布百分百单元的最终回主题是毛线，据受邀的拼布教室师生们提供给小编的制作感想表示：
《巧手易》给我们的题目，这可是一个大工程，因为毛线编织真的不简单啊！
收到他们用心制作的六幅毛线拼布作品，极具祝福创意和个人特色，来宾请掌声鼓励！
你心目中的拼布百分百作品是什么模样呢？读者不妨在家创作一幅壁饰，
为这难得的百年纪念留下最美好的回忆吧！

将不同元素与拼布结合成30cm小壁饰，庆祝辛亥革命100岁生日的幸福百分百！

步步糕升

毛线打成可爱的草莓，用来装饰在奶油蛋糕上头，数字100也是用毛线缝上去的喔！

Knitting Heart

把毛线、布条等素材，利用编织技巧运用在拼布上，做出我的一颗心，献给我最爱的台湾！

■作品设计、制作、提供／李琼惠老师 ■编织指导／王玉燕老师
■协力制作／张彩莲、苏美溱、张意屏、徐燕美
■情境摄影／詹建华 ■作品摄影／J.J
■文字／Anhouse ■美术设计／Celina

毛线网络

网络无处不在，让最快的资讯传达到全世界，祈愿台湾的脚步可以迈向国际化，让全世界看到MIT的无限创意。

开花结果

快看！
我家门前的苹果树开花了，
在100年结果，
多么美丽的巧合。

Congratulations! 100th Happy Birthday !

拼布发芽了！

手作近年来带出一股拼布热，
两朵毛线编成的小花说：拼布在台湾发芽了！

福尔摩莎

从空中俯瞰台湾，尽是一片绿油油的繁荣景象，拥有爱护地球的环保心意，世界也会更加美好喔！

圣诞礼物·随身小包

作品设计、示范教学／陈慧如老师
情境摄影／詹建华 教学摄影／J.J.
文字／Brownie 美术设计／Maddy

● 制作方法请参考P.103 完成尺寸：15cm × 12cm × 8cm ■ 内附原尺寸图

绒毛绣完成的白胡子，
是不是很逼真呢？

运用不同深浅颜色的绣线，
创造出砖块的表情。

Merry X'mas

TECHNIQUES：来学刺绣技巧

立体扣眼绣

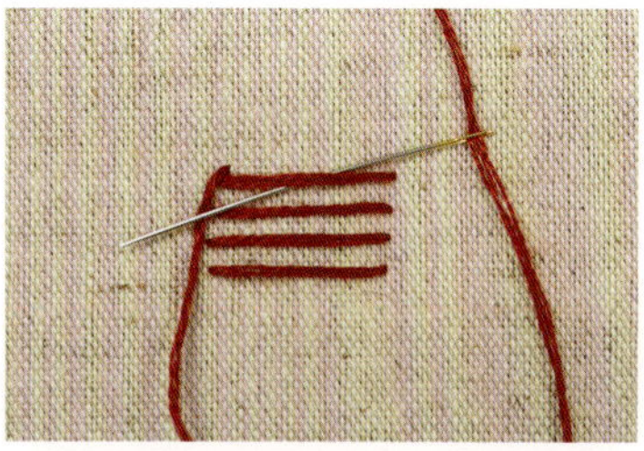

a 先绣出四条横线，再将绣线横向穿过，由上出针，绣线依图示方向，绕一个结。

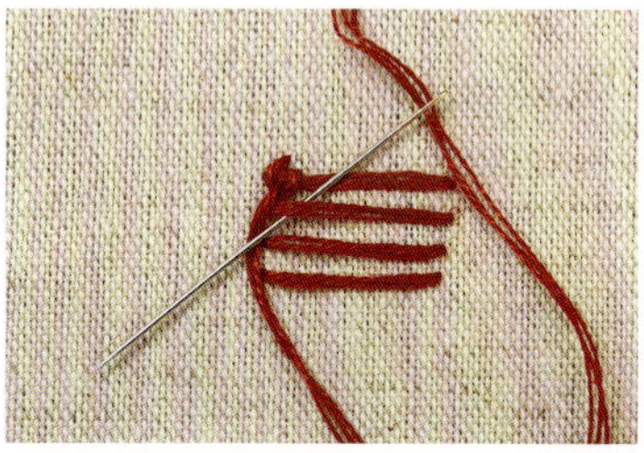

b 每一层都绕一个结。

c 绕完一直线，穿至布背面再由上出针。重复步骤a～c。

d 完成图。

绒毛绣

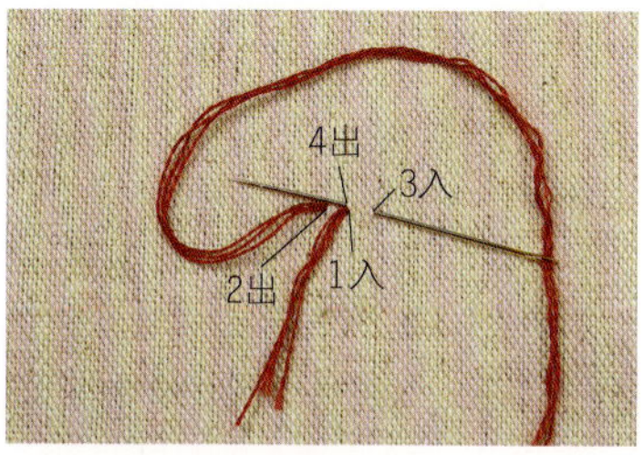

a 由正面入针，1入往左边2出，线朝上放，3入→4出(即原1入处)。

b 5入→6出(线朝下，并留绣线的长度)。

c 重复步骤a、b，并留同样长度的线圈。

d 完成图。

厨房多功能收纳袋

妈妈们的小天地，拼布可以帮得上什么忙呢？
就做个多功能收纳袋吧！
把保鲜膜、餐巾纸、小工具等厨房用品，通通都放进去，
手作生活就是这么随性！

作品设计、制作、示范教学 / 林彦君老师　情境摄影 / 詹建华　教学摄影 / J.J　文字 / 璟安　美术设计 / Maddy　●完成尺寸：约30cm×71cm

另一款蓝色系作品，
有种格外沉稳的优雅。

用编织方法完成的置物袋，
可收纳保鲜膜，
下方的绑带装置，
还能放入卷筒式餐巾纸，
超级便利！

基础编织

★制作编织布条：准备两种尺寸的布条4cm×150cm及4cm×110cm，用滚边器烫好后车缝固定完成编织条，完成尺寸为1cm×150cm、1cm×110cm，共完成绿色布12条，粉色布20条。

※若无滚边器可将布对折再对折烫，可参考《巧手易》46示范。

第一排编织

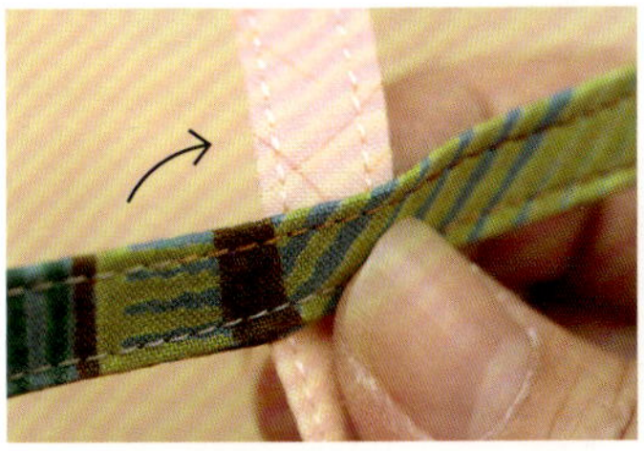

1 如图2色编织条交叉，两端各预留9cm（绿色编织条在前）。

2 绿色编织条向右。

3 再折至后方。

4 将粉色编织条下拉穿入圈圈内。

5 完成一个编织结。

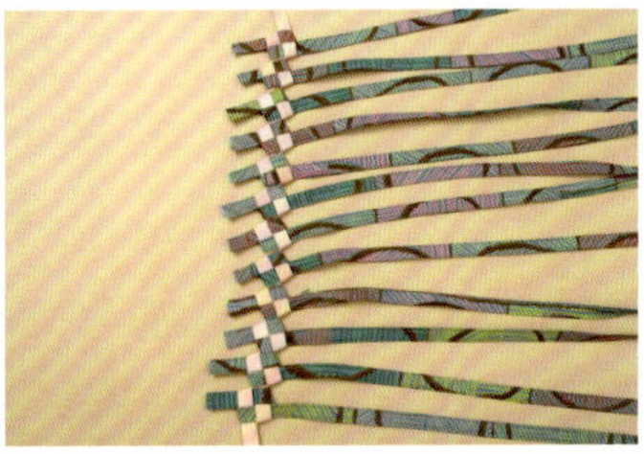

6 编织完成第一排。

★其他做法请至P.104。

第二排编织

7 将粉色编织条置于上方。

8 再折至后方。

9 将绿色编织条下拉穿入圈圈内。

10 重复编织完成一整片。完成尺寸：30cm×47cm。修剪掉多余的编织布条。

11 将完成的编织表布翻至背面，把尾端的布条塞进结内。

12 用绣线以缝十字形的方式固定，再打一个8字结或结粒绣在中心做装饰。

圣诞树 拼布花盆座套

作品设计、制作、摄影、文字提供 / Ann　美术设计 / 李大人

我们家的圣诞树已经陪伴我们六个年头了，每年这时候，总是兴奋地把它提前拿出来，为圣诞节做热身预备。很喜欢它大小适中的高度，茂密的绿色枞树叶，还有个特殊的、重心稳稳的白色木头花盆底座。

与孩子一起准备装饰圣诞树时，看到它素雅的白色底座，想想也已经看了五年了，今年就用拼布，为它做一点改变吧！因为花盆是上宽下窄的特殊立体造型，一开始为了纸型伤脑筋很久，差点放弃，后来终于想到一个简单的方法，“圣诞拼布花盆”计划才得以实现。至于配色，这是最快乐的部分，平常觉得太过浓郁或活泼、亮丽的布，在这个时候，马上变成最爱的首选，还要找一块适合冬天的标签布，应景地贴上去，就让它陪伴我们过冬吧！

想起当初第一眼看到这棵圣诞树时，心中马上喊着：“就是你！你就是属于我们家的圣诞树！”果真，这么多年了，我们从没有想过要换一棵新的树。如果可以的话，我希望它能一直陪着我们，度过每一年的温馨佳节！

Before

花盆座纸型制作方式

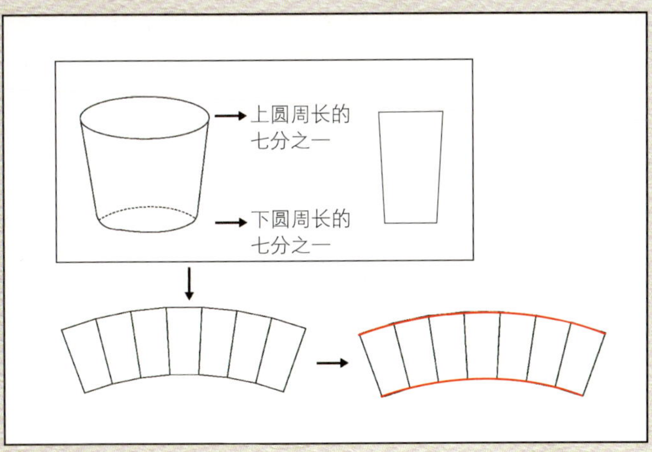

1.以卷尺量出花盆的上部及底部的周长，两个长度再分别除以7，以这两个尺寸和花盆的实际高度，画出一个左右对称的梯形。

2.以纸剪出7个梯形，左、右边贴齐，排成一个扇形。

3.在一张大张纸上，依样描绘出一份完整的扇形，并将红色线部分（参考图示）稍加修改成圆弧状，即完成花盆座的基本纸型。

HOW TO MAKE

1 依照纸型拼贴表布。选择适合的图案布在中间制作贴布标签。

2 另外裁剪一份与步骤1相同大小的里布，将表布和里布正面相对，加上棉衬，车缝一圈，左边留返口翻至正面，缝合返口，再以熨斗烫平整。

3 由反面卷针缝合左右两端。

4 翻至正面即完成花盆座套。

花篮练习曲缎带绣框物

阳光和煦的午后，拎着藤编托特包，
上市场买花儿去，我的插花练习日。

作品设计、制作、示范 / 陈宝华老师
情境摄影 / 萧维刚　做法摄影 / Milk
编辑 / Brownie　美术设计 / Maddy

● 完成尺寸：36cm × 47.5cm(含框)
● 内附图案

大片叶子的绣法(叶形绣)

1 用水消笔拓上叶形。

2 依图示顺序刺绣。

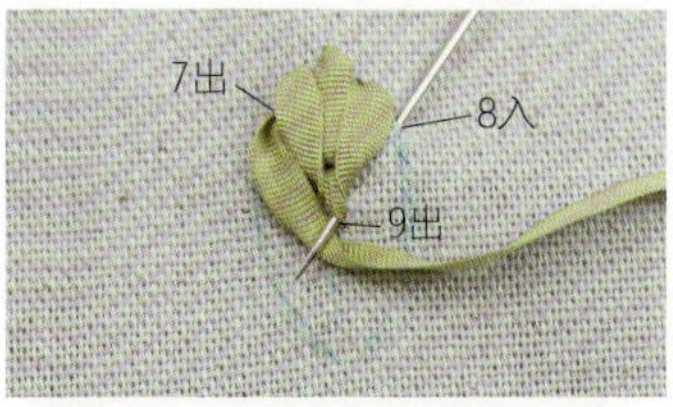

3 根据叶子的形状渐渐内缩刺绣。

4 完成。

花苞与叶子的绣法(雏菊绣)

1 依图示顺序刺绣。

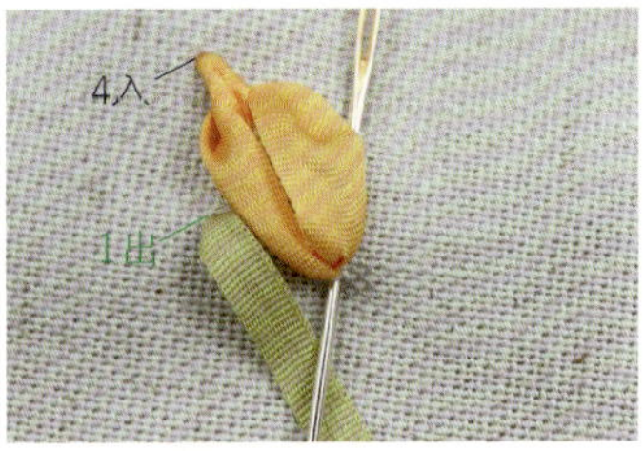

2 用绿色缎带绣出叶子。

3 完成。

抽褶玫瑰的绣法

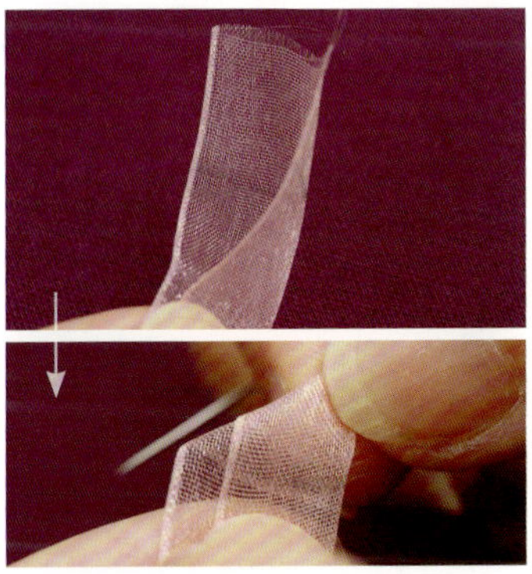

1 先将丝质缎带对折，再将缎带头反折成三角形。

2 将绣线双股套结。

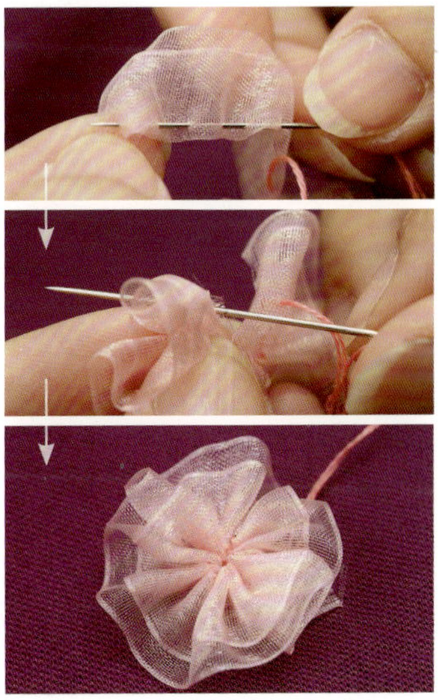

3 在对折的位置上缝0.4cm的针脚，以平针缝合一整圈，收尾亦将缎带头反折成三角形，再缝合打结固定，即完成花瓣的部分。

4 用另一种颜色的缎带在花心位置绣上打子绣，即成花心。

5 完成。

巧手易 第38期
定价：38.00元

巧手易 第39期
定价：38.00元

巧手易 第40期
定价：38.00元

巧手易 第41期
定价：38.00元

巧手易 第42期
定价：38.00元

巧手易 第43期
定价：38.00元

巧手易 第44期
定价：38.00元

巧手易 第45期
定价：38.00元

好可爱拼布
定价：33.00元

Shinnie的手作兔乐园
定价：33.00元

Shinnie的布童话
定价：30.00元

布·只是时尚
定价：33.00元

风华绝袋 悠游机缝拼布
定价：33.00元

我的机缝拼布旅行簿
定价：33.00元

拼布创意My布玩
定价：33.00元

基础拼布小字典
定价：10.00元

巧手易典藏优质图书

《巧手易》严选系列 H-0012

超可爱贴布缝的童话王国

寄回《超可爱贴布缝的童话王国》回函
即有机会抽中作者亲手制作的成品或材料包一份！
本书中文简体版即将由河南科学技术出版社出版。
抽奖截止日期：2012 年 1 月 15 日（邮戳为凭）
得奖名单将公布于巧手易网站

24 个经典童话故事

15 个袋形详细步骤教学

现正热卖中！

拼布游戏家——Pany 老师 2011 最新力作

超可爱的拼布游戏家——Pany 老师，用最容易上手的贴布缝方式，创造出 24 个童话故事的主题拼布作品，每一件作品都是大家共同的儿时记忆，每一个童话人物都能唤醒那些童稚的单纯时光，翻开书页，跟着 Pany 老师形象鲜明的创作，仿佛历经一场缤纷的童话冒险，那样的刺激却也温暖人心。

徐华祯（Pany）著

新书抢先看

就让拼布带我们回到小时候……

首翊&手艺 超可爱出版

银色世界的圣诞红

在刺绣国度里盛开的圣诞红，是覆盖着雪衣的银色小天使，为这寒冷的白色冬季，倾注手作的无限暖意。

协助教学、图案提供 / 户塚刺绣协会台北支部　福本晓代老师
做法示范 / 隋承梅小姐　作品欣赏提供 / 黄玲瑜老师
情境摄影 / Akira　教学摄影 / Bobi
情境文字 / 璟安　做法文字 / Magi　美术设计 / Maddy
内附图案

基础刺绣教学

HOW TO MAKE　先学描图

a 先将图描于描图纸上，再如图布+布用转写纸+描图纸+塑胶袋(片)。

b 图案四周用珠针固定。

c 用骨笔或铁笔，将图描一遍。
※也可用没有水的圆珠笔。

d 转印于布上完成。

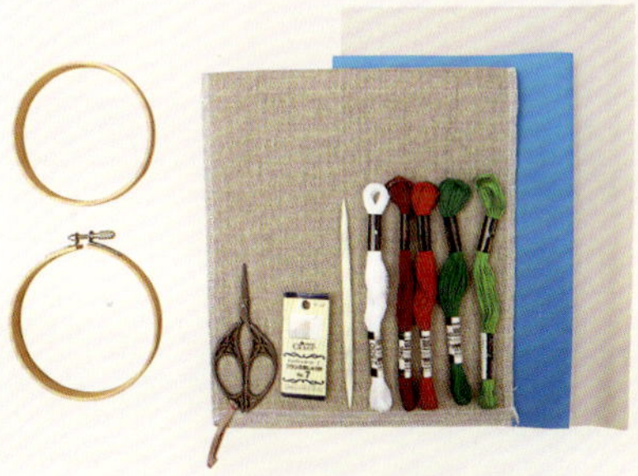

材料

刺绣框(直径10cm)
布、剪刀、刺绣针、
铁笔或骨笔
绣线COSMO：
241、242、246、
272、273、276
绣线DMC：
304、321、700、
703、815、906

回针绣

1 1出→2入→3出。

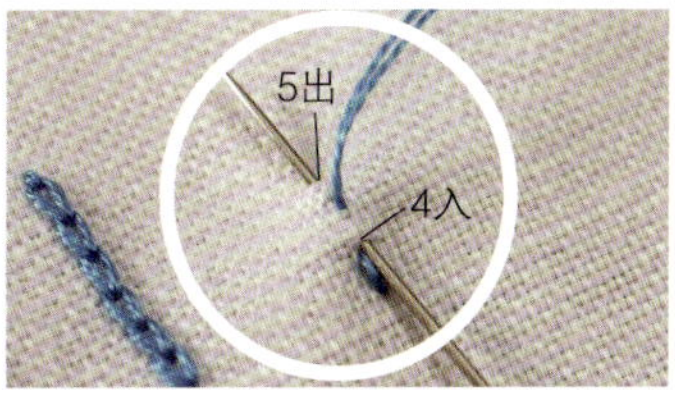

2 4入→5出(4入为刚刚1出相同地方)。

3 重复步骤1、2完成回针绣。

轮廓绣

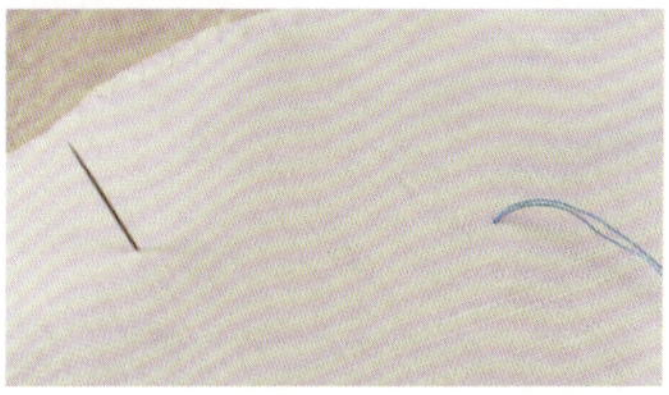

1 起针时如图从中心点的外侧起针。

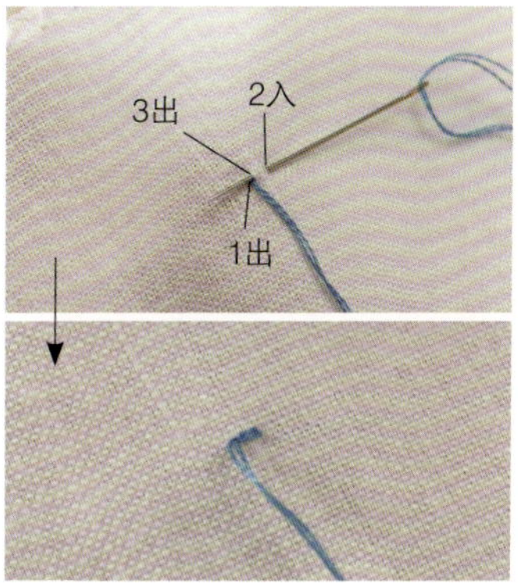

2 1出→2入→3出(3出和1出在相同位置)。

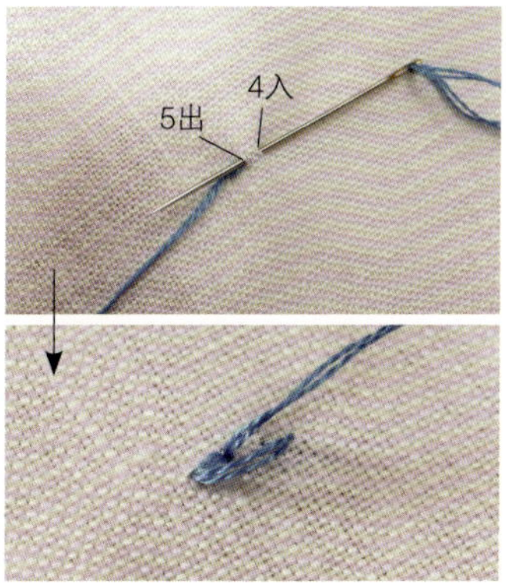

3 3出→4入→5出(5出和2入在相同位置)。

4 沿着线重复步骤2、3，完成一侧轮廓绣。

5 翻至反面，针绕于刚刚绣的线内固定。

※此步骤是为了等一下要从相同处出针，若不绕至反面将线固定则线会被穿出。

6 翻回正面，从步骤4的最后一针处再穿出。

7 同步骤2、3完成另一侧轮廓绣。

锁链绣

1 1出，2入→3出，将线绕于针下方，针穿出并拉线。

2 4入→5出，将线绕于针下方再拉针。

3 重复步骤1、2，绣至最后，最后一针需超出图案线条再穿入针。

4 从倒数第2针再穿出针。

5 同步骤1～3方法，绣另一侧锁链绣。

6 完成。

叶形绣

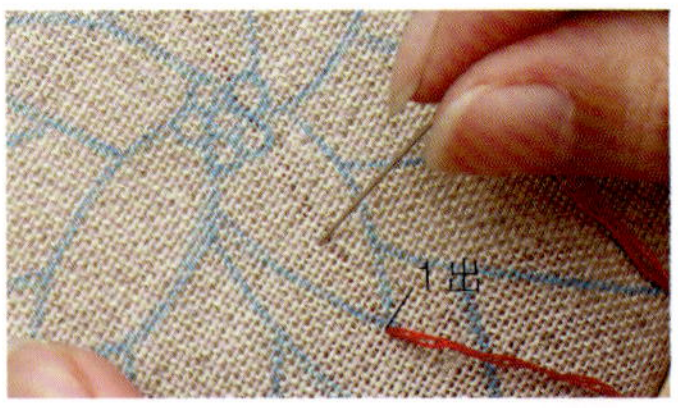

1 1出→正前方穿入。

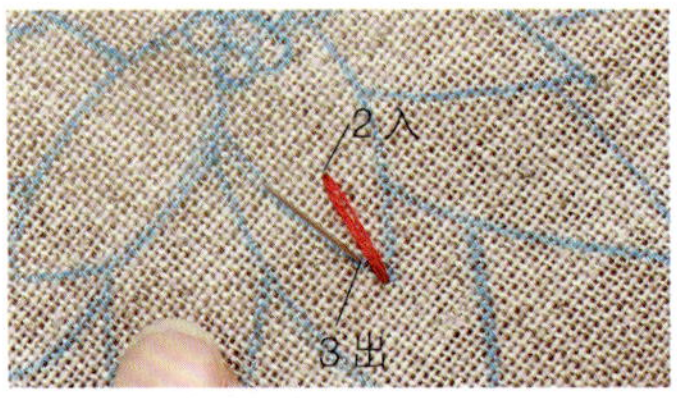

2 如图从左侧3出。

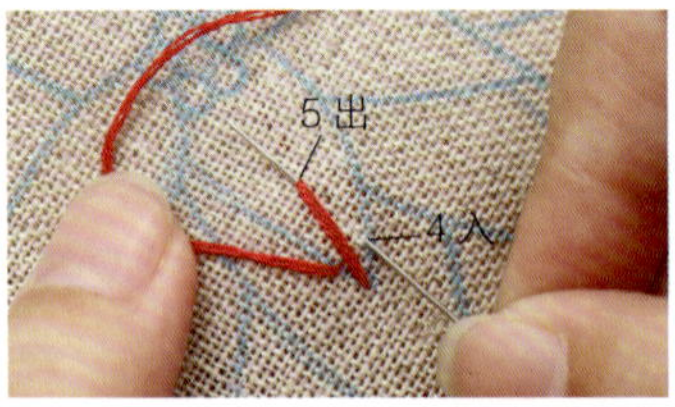

3 右侧4入→于2入之处将线置于针下方5出。

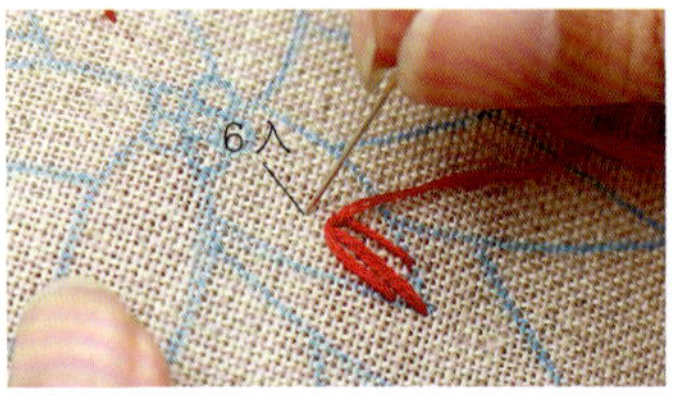

4 中心处6入。

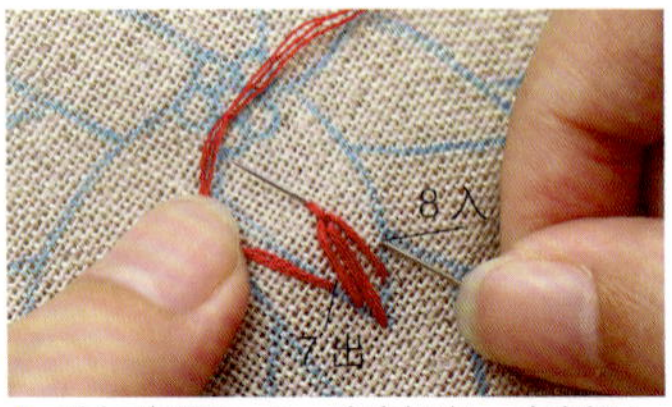

5 重复步骤2、3，左侧7出→右侧8入。

6 完成叶形绣。

阴影绣＋回针绣

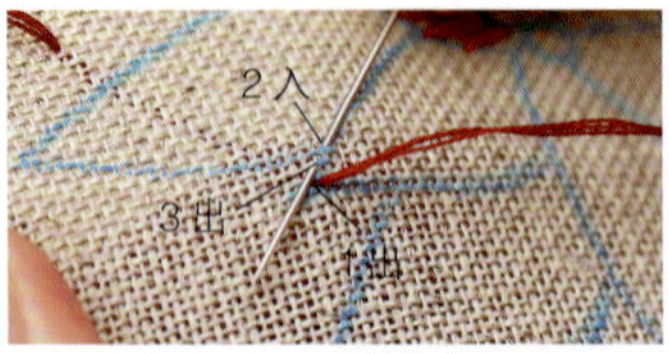

1 从尖端处1出→沿着线条2入→3出。

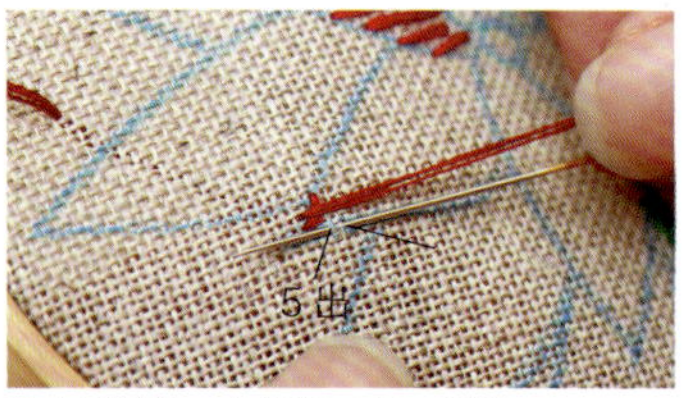

2 拉着线，左侧处4入→5出。

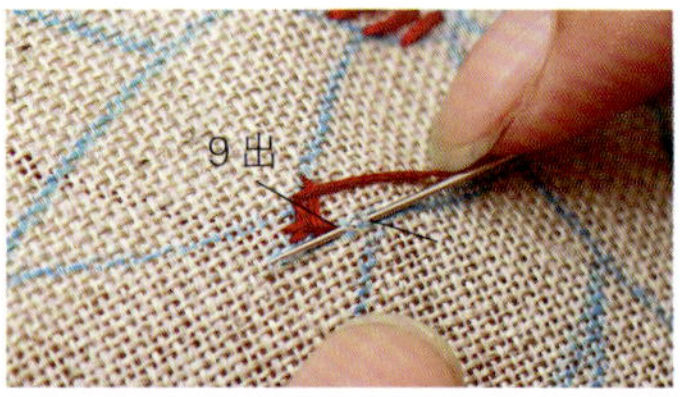

3 右侧6入→7出，左侧8入→9出。

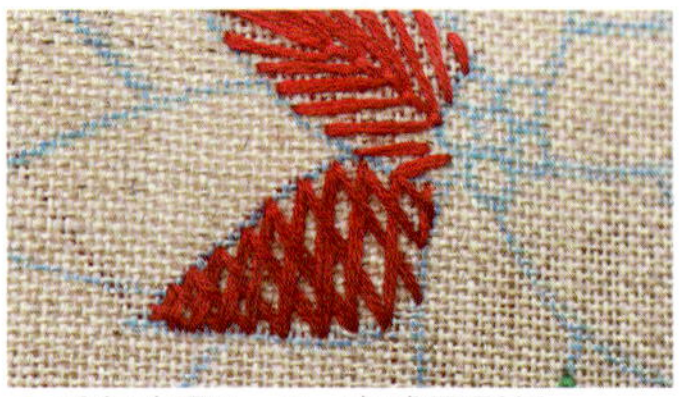

4 重复步骤1～3，完成阴影绣。

5 从尖端处的下方中心处1出。

6 2入→3出→4入→5出。

7 重复步骤5、6，完成中心的回针绣。

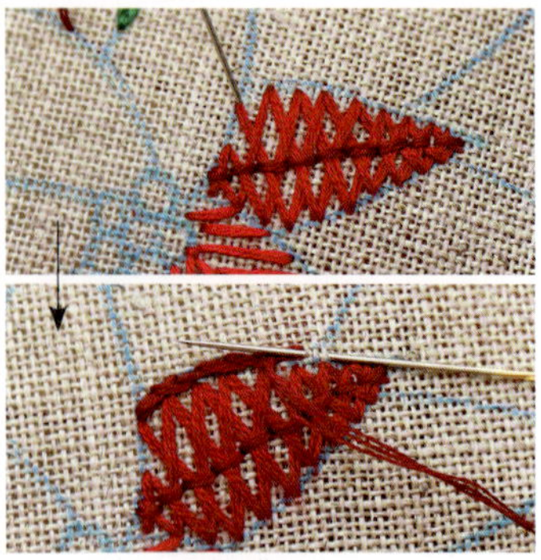

8 一侧绣上轮廓绣。

卷线环形绣

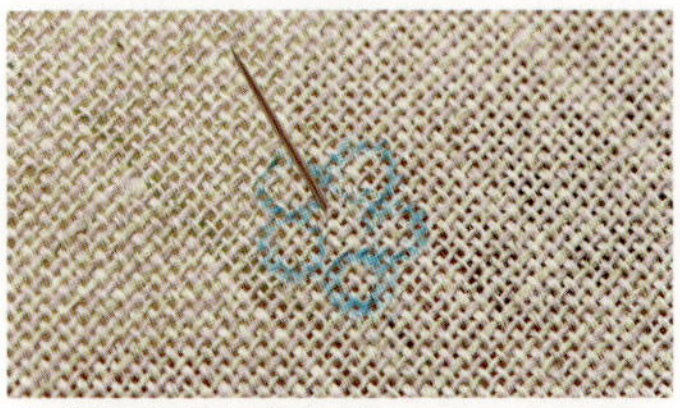

1 从图案中心穿出针。

2 于针上绕线15次。

3 于中心处穿入针。

4 由卷线的中心处穿出针。

5 如图从正上方穿入针。

6 完成一片后从中心处出针。

7 重复步骤1～6，完成其他4片。

法国结粒绣

8 穿出针，线绕于针上2次，于原出针处再穿入针（要穿入针时，需拉好线不要让线松弛）。

9 同方法完成其他的法国结粒绣。

三角德国结绣

1 从中心处1出，正上方2入。

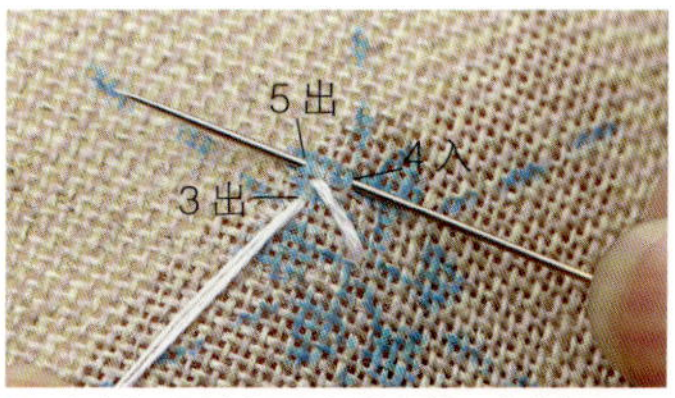

2 右侧3出并如图拉好线，右侧再4入→5出。

3 将针穿入线。

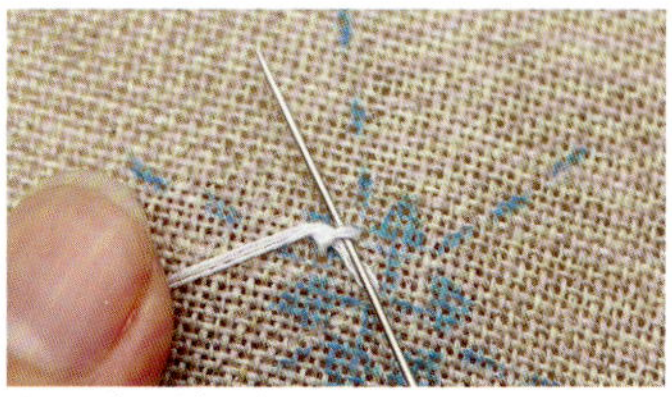

4 再绕入线1次。

5 正上方处穿入针即完成1个。

6 重复步骤1～5完成其他5个。

7 线条处用平针绣完成。

恋恋深秋手拿包

12月，在这初冬时节，
还留有一点点对秋天的依恋。
漫步灰绿色的街道，
想象樱红的碎花飘落肩畔，也是一种浪漫。

• 完成尺寸：30cm x 16cm

本期示范的保温内袋，是现在日本超流行的新商品，贴心的夹链装置让物品不易掉出，不需另外加工、直接可以使用的内袋，非常便利呢！

作品设计、示范教学／陈莉雯老师
情境摄影／C.CH　教学摄影／J.J
文字／Anhouse　美术设计／Maddy

材料

- HOBBYRA　HOBBYRE 配色布组（粉色）
- HOBBYRA　HOBBYRE 素色布（口布）（底布）（提把）
- HOBBYRA　HOBBYRE 厚布衬

How to make

1 如图裁配色布条3色6cm×32cm各2片、底布14cm×32cm。

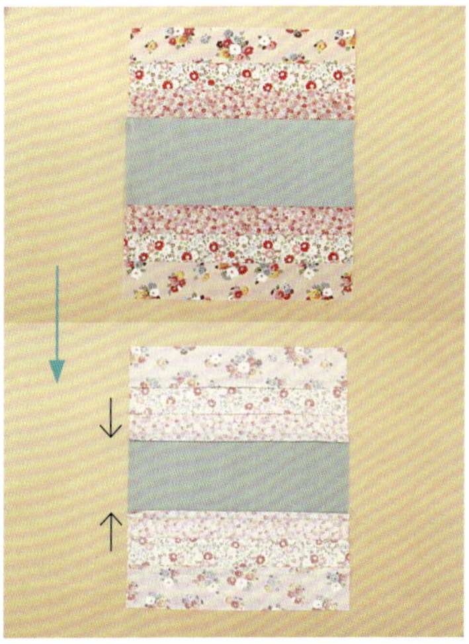

2 车缝接合后，缝份倒向中间。

3 反面烫上厚布衬。

4 裁提把30cm×8cm2条，上、下2cm处用水消笔做记号。

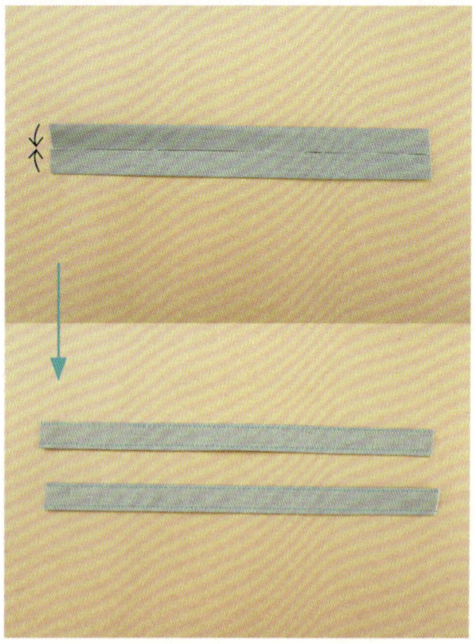

5 往中心烫折后再对折，如图车缝装饰线，完成2条。

6 口布裁10cm×32cm2片。

7 口布上端用水消笔于1cm处做记号，用水溶性胶带固定，再往下折5cm。

8 如图。

9 将底往中心折入。

10 两侧车缝固定。

11 先将提把固定，放入保温里袋（反面对反面），用珠针固定。

12 袋口车缝一圈即完成。

疯狂派对 M 形口金包

动物界的盛事“跨年疯狂派对”登场啰！

●完成尺寸：19cm×10cm

■作品设计、示范教学／陈玉金老师 ■情境摄影／詹建华
■教学摄影／J.J ■文字／Anhouse ■美术设计／薄荷茶

大容量◇M形口金

For 初级生

口金组曲

斑马要唱英文歌，
小猪要跳扭扭舞，
顽皮的兔子不知道
该表演什么，那就……
来演个“犀利吉祥物”
好了！

材 料

18cmM形口金
表布14cm×27cm2片
里布14cm×27cm2片
单胶棉25cm×25cm1片
衬25cm×25cm1片
皮革针、皮革线

※本期作品选用可爱的Nancy Wolff设计系列的动物图案布制作，因为表布前、后片有方向性的问题，所以读者必需取图裁下2片表布再制作，动物们才不会颠倒喔！

裁 布

表布依纸型含缝份裁2片。

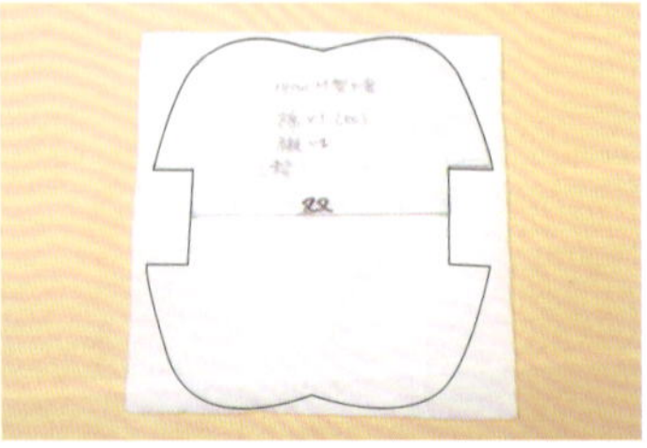

单胶棉未含缝份1片。

里布依纸型含缝份裁2片并在反面烫上衬。

How to make

1. 表布 2 片正面对正面车缝接合后，将缝份烫开。

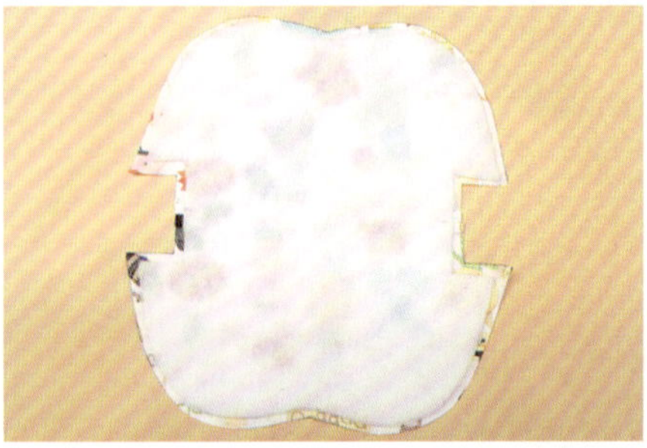

2. 表布反面烫上单胶棉。

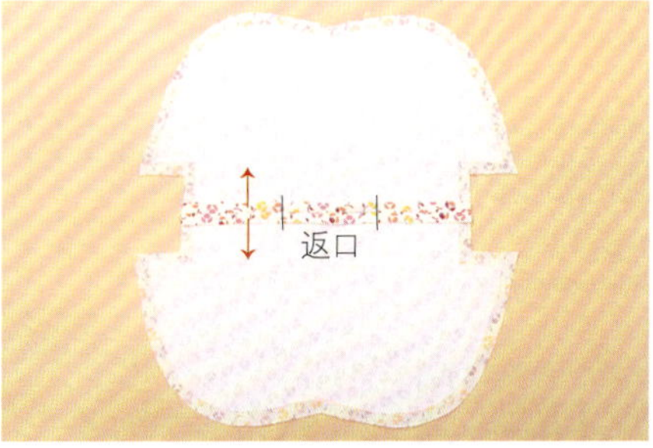

3. 将已经烫好衬的里布 2 片正面对正面车缝接合后，中间留返口缝份烫开。

4. 表袋正面对正面车缝左右两侧至止点处。

5. 车缝两边袋底。

6. 完成如图。

7. 里袋用相同做法完成。将表袋套入里袋（正面对正面）车缝袋口一圈。

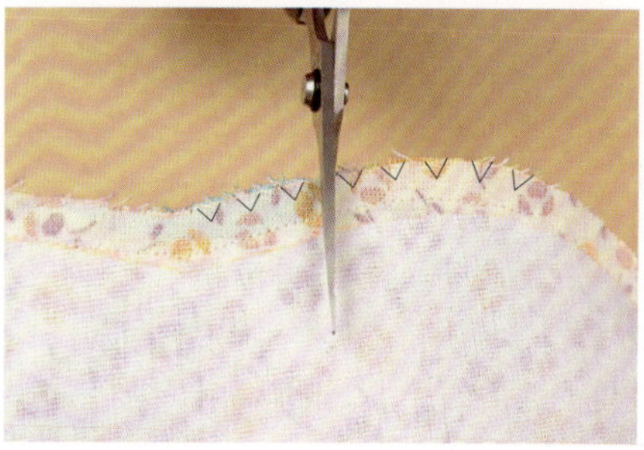

8. 弧度处剪牙口。

9. 由里袋的返口处翻至正面后，袋口压缝一圈。

10. 袋口处折双做出中心记号。先疏缝固定口金中心点，再固定第 2 孔的接合点，其他如图疏缝。

11. 使用皮革针，以双线的方式穿入针，在口金中心起针处先藏线头，以 1 上 2 下的方式缝口金（跳针缝），一边缝一边把疏缝的线拆掉。另一边也用相同方法缝好。记得在最后一针的地方打结后，要藏线头。

※ 缝口金的方法可参考《巧手易》43 ~ 46 示范。

NEW!

KOBAYASHI 的梦幻甜点世界

薄荷甜心派雨衣

樱桃蛋糕、草莓慕斯、马卡龙……
和缝纫机分享可爱的甜点心情，
我家小宝贝的雨衣，
都是妈妈最爱的手作甜蜜。

完成尺寸：约100cm×57cm
※内附原尺寸图
※适合身高100～130cm儿童

■示范教学／隆德贸易有限公司　李青绮老师
■情境摄影／C.CH　■教学摄影／Milk
■小模特儿／周以恩　■情境文字／璟安
■做法文字／Nanami　■美术设计／Celina

下雨了！
快点回家吧！

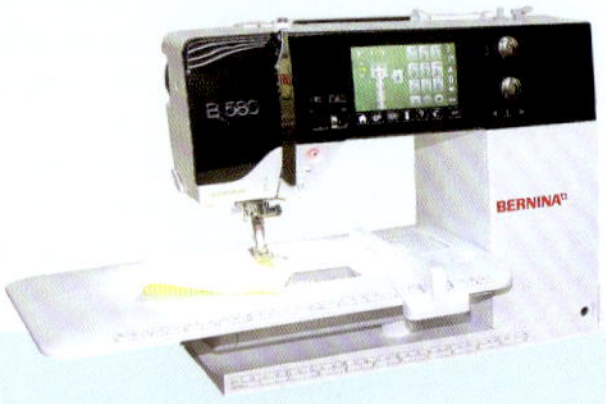

缝纫机
BERNINA B580

材料

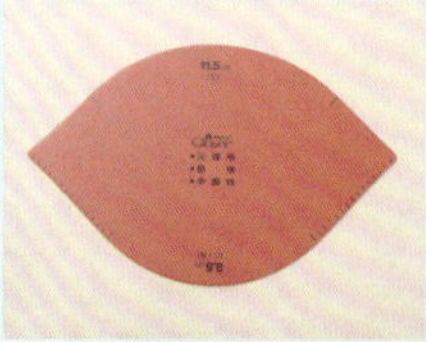

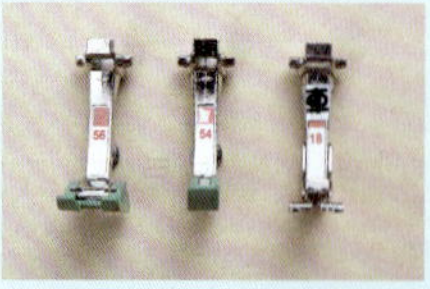

防水布 90cm
防水用车缝线（#50）
扣子（直径 2.5cm）1 颗
皮绳长 5cm
强力夹
袖斥型板、骨笔
#56、#54、#18 防水布专用压布脚

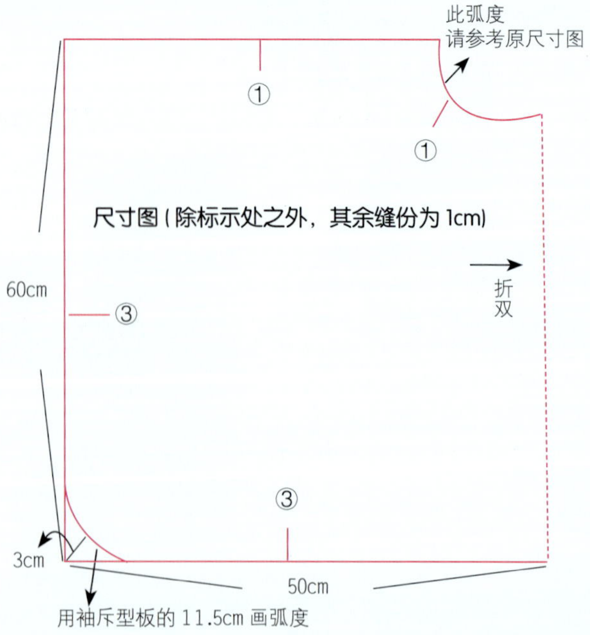

How to make

1. 2 片布的正面相对，先车合左、右肩线。

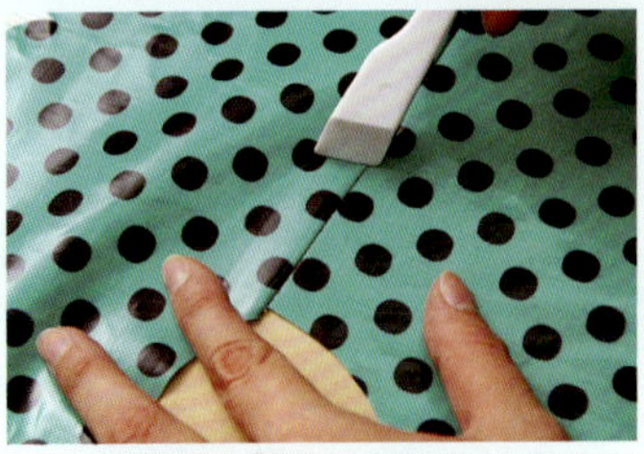

2. 缝份倒向后片，因为防水布不好折痕，可用骨笔辅助。

3. 肩线的正面 0.7cm 处，车缝一道固定线。

4. 依原尺寸图裁对称的 2 片帽子布 。

5. 帽子布 2 片的正面相对，缝合左侧的缝份处。

6. 用骨笔将缝份处推开。

7. 帽子的右侧如图折 2 次 1.5cm。

8. 用强力夹固定。

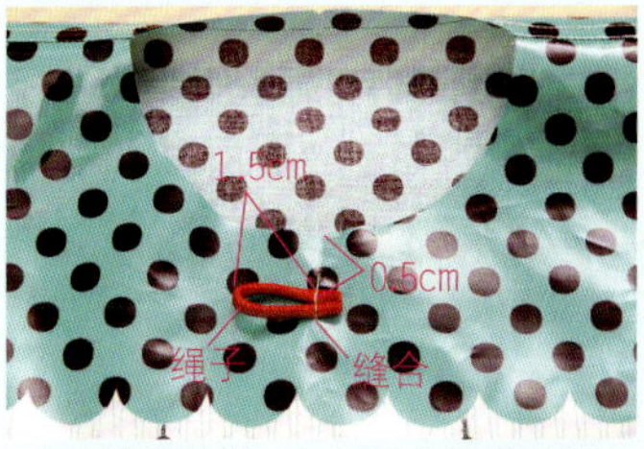

9. 绳子对折，如图固定于前片胸口处。

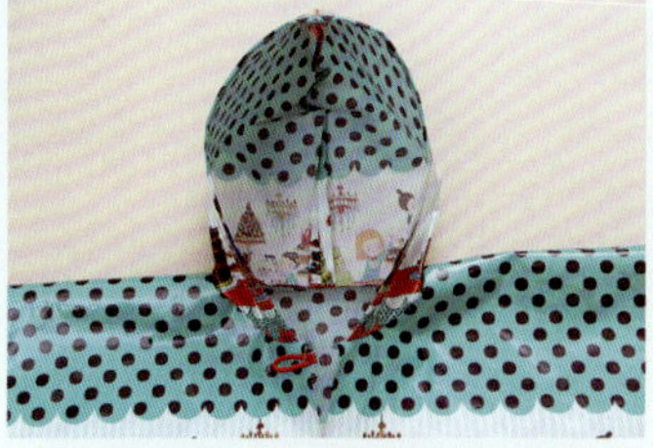

10. 帽子放入中间的领子处，需正面相对用强力夹固定并缝合完成。

11. 前方胸襟处裁剪 U 形，再将缝份往内折，连同领围压缝一圈 0.2cm。
※ 此处建议使用#54 拉链用压布脚。

12. 缝上扣子。

13. 前、后片的左、右下方弧度处先各自如图大针疏缝，将弧度处先缩缝。

14. 再折 2 次 1.5cm 缝合固定前、后片的左、右及下方，即完成。

KOBAYASHI 的梦幻甜点世界

示范教学 / 隆德贸易有限公司　苏怡绫老师
情境摄影 / C.CH　教学摄影 / Milk
情境文字 / 璟安　做法文字 / Nanami
美术设计 / Celina

蓝莓可颂 VS 草莓蛋糕 · 补 · 习 · 袋 ·

微酸带甜的滋味，
就像是小女孩带着忐忑的期待，
准备大步向前迎接每一个挑战。
Let's go fighting!

完成尺寸：约37cm×27cm（提袋）、约18cm×14.5cm（便利小包）

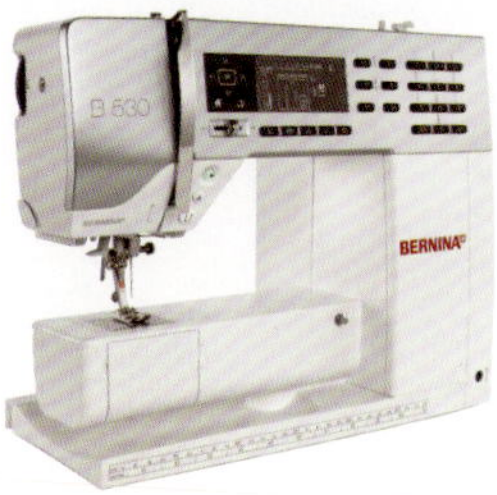

缝纫机

BERNINA B530

材料

防水布 A（表布）60cm

防水布 B（衬布）60cm

强力夹

拉链 20cm

珠珠链条

#56、#52、#54 防水布专用压布脚

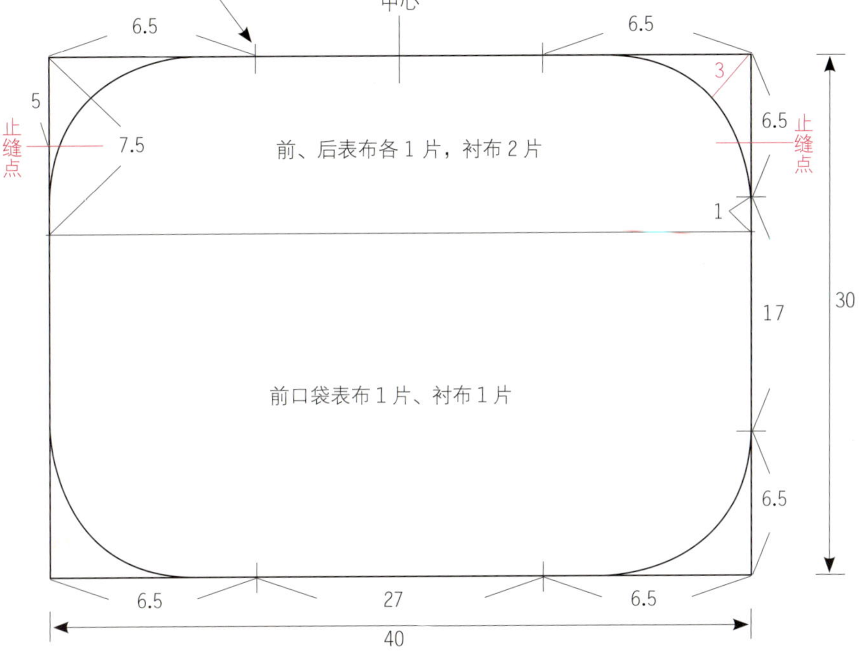

How to make

1. 表布依尺寸裁剪 2 片。

2. 前口袋：裁表布 1 片、衬布 1 片。

3. 里布 2 片。

4. 步骤 2 的前口袋表布与衬布（布的正面相对），先缝合上方再如图翻开。

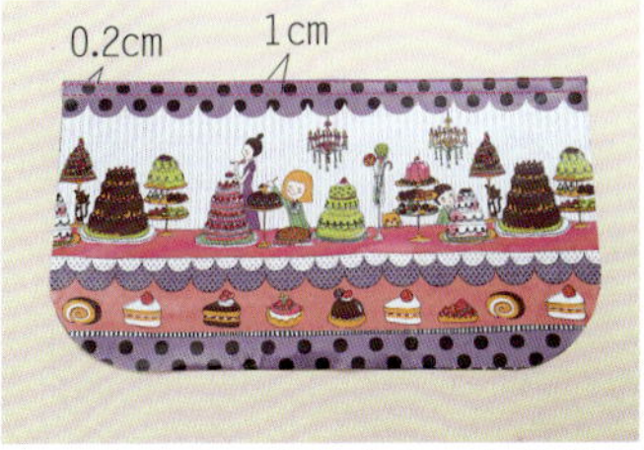

5. 将步骤 4 的衬布翻至表布的后面（布的反面相对），上方先压 0.2cm 再压 1cm 的固定线。

6. 步骤 5 的口袋置于表布一片的前方，四周用强力夹固定再疏缝。

7. 再将另一片表布放在步骤 6 的上方（布的正面相对），车缝下方至止缝点（弧度处需剪牙口）。

8. 翻至正面。

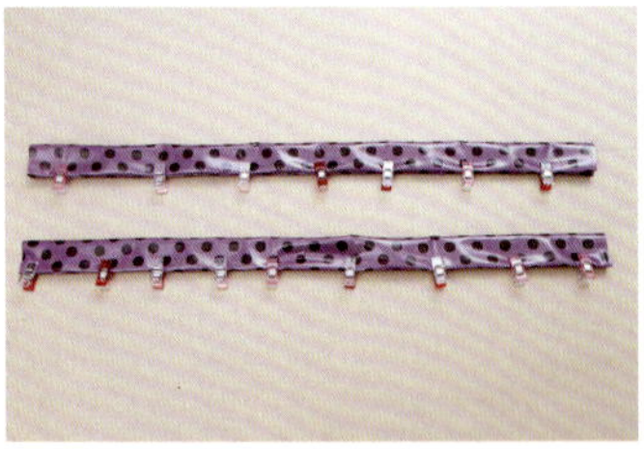

9. 提把裁 9cm×50cm2 条，上、下折 1cm 缝份，再对折并用强力夹固定。

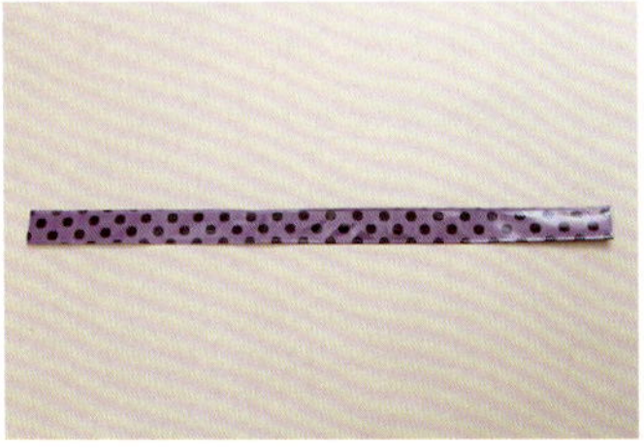

10. 上、下 0.3cm 各车缝一道固定线（另一条相同方法完成）。

11. 将提把各放在前、后片的表布上，用强力夹固定，再疏缝固定完成表袋。

12. 步骤 3 里布 2 片的正面相对，车缝下方至止缝点完成里袋（下方需留 8cm 返口）。

13. 将表袋塞入里袋内（正面对正面），袋口处用强力夹固定表袋与里袋，车缝袋口固定。

14. 弧度处需剪牙口。

15. 从里袋预留的返口处翻至正面，并缝合返口处即完成。

便利小包

1. 裁防水布 21cm×13cm、21cm×20cm 各一片。

2. 将拉链的正面贴上水溶性双面胶带，如图贴于步骤 1 的 2 片布上先车缝，再从布的正面车缝固定线。

3. 如图 2 片布的正面相对折好对齐，两侧用强力夹固定。

4. 挂耳裁 9cm×50cm，参考补习袋步骤 9 的提把做法，完成后对折，对折处朝内放入步骤 3 的左上位置，2 片布的中间，再用强力夹固定。

5. 车缝左、右两侧。

6. 翻回正面即完成。

使用防水布的注意重点：

a. 不能用熨斗烫。

b. 固定时不能用珠针，需使用强力夹才不会伤害防水布。

c. 不用时请勿折叠，防水布折叠易有痕迹，需要卷起来收藏。

d. 防水布不易手缝，请用缝纫机制作，并配合使用防水布专用压布脚。

超人气马卡龙 Part 2

使用不织布制作也超可爱!

上一期的 8 周年号（《巧手易》47）我们介绍了迷你马卡龙吊饰零钱包做法，出版后接到许多读者的热烈回应，寄了许多专属自己的马卡龙吊饰零钱包与编辑部分享，这一期我们要特别介绍连小孩都开心的简易做法，欢迎大家来投稿喔！

（募集信息请至 P.84）

教学示范 / 隆德贸易有限公司　颜淑媛老师　情境摄影 / Milk
教学摄影 / J.J.　文字 / Magi　美术设计 / Celina

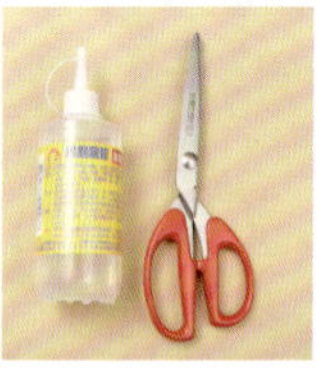

材料

不织布（A、B 2 色）

	（小）	（中）	（大）
A	3cm×4 片	3.5cm×4 片	4cm×4 片
B	3.3cm×2 片	3.8cm×2 片	4.3cm×2 片
挂耳	0.7cm×4cm		

保丽龙胶、锯齿剪刀

做法

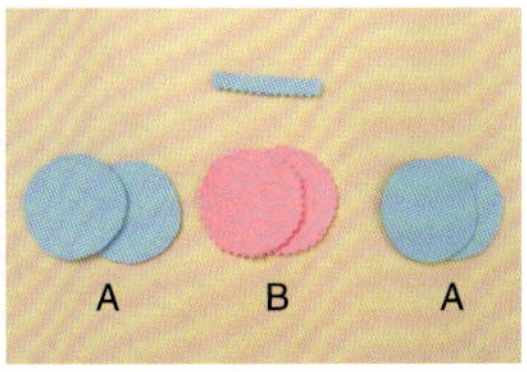

1. 材料依尺寸裁好，中间较大的不织布及挂耳用不织布请用锯齿剪刀裁剪。

2. 先将中间的不织布用保丽龙胶涂一圈。

3. 挂耳对折并粘上。

4. 步骤3上方再放上中间的一片不织布。

5. 再将其他不织布都涂上胶，将步骤4夹粘于中间。

6. 已包好布及铺棉的2颗包扣的反面涂上胶。

7. 将不织布放在2颗包扣中间，粘好即完成。

甜美上市

日本拼布明日之星

有冈由利子

Quilter's First Collection

设计理念

不论是拼布新手还是达人都相当适合使用的面料。除了小花、水玉点点及带有活泼感的中花图案以外，再加上相当容易搭配的细格纹，完整呈现甜美可爱的感觉。由于布料的系列感强，让初学者更容易上手，轻松搭配出让自己超满意的配色。通过老师的作品提案，让我们也一起来享受这个简单布作生活吧！

有冈由利子老师简介

师承美国拼布大师。开设了 Cotton House ARIC 拼布教室。另外也从事布料的设计。

著书：《有岗由利子的每日拼布》

（日本 VOGUE 社出版）

缝纫午茶派对 杯垫组合

用 布 量 印花布 10 ~ 15 色各 7.5cm、里布 30cm

材料配件 纸衬 90cm、洋裁衬 90cm、单胶棉 1 包
四合扣 1 组、皮革布少许、段染线

运用工具 四合扣工具组、记号笔、珠针、缝份骨笔、剪刀、
锥子、手艺用钳子、手缝针线

示范机型 brother NX-450

台湾喜佳　黄慧祯老师

情境摄影 / 詹建华　设计、制作 / 台湾喜佳（股）黄慧祯老师　美术设计 / 台湾喜佳（股）　■内附原尺寸图

完成尺寸：■6.5cm×12.5cm（篮子）■11cm×11cm（杯垫）

1 用记号笔于纸衬上画图形并标明车缝顺序，四周预留 1cm 缝份后剪下。

2 依车缝顺序将布片车缝于胶面处，再依图示顺序组合成表布。示范六角星图形。

3 表布 + 棉 + 洋裁衬，三层铺棉压线后修剪缝份并裁同大小后背布。

4 正面对正面车缝一圈翻回正面，返口以藏针缝缝合。

5 重复步骤 2 ~ 4，共完成 6 片杯垫。

6 同做法 1 ~ 3 完成杯垫盒侧身共三种图形 6 片，裁同大小后背布烫上洋裁衬后夹车 1.5cm×4cm（对折）皮革布，翻回正面整烫。

7 制作杯垫盒底并铺棉压线，将侧身车缝于六边上，缝份倒向盒底，疏缝固定。

8 取相同大小背布，烫衬后六边缝份向内折烫，并以藏针缝组合。

9 将四合扣用工具钉于不织布上（两层）四周留 0.5cm 剪下并藏针缝于侧身里另一边。母扣则钉于皮革布上即完成。

作品设计、制作、文字提供 / 黄惠兰老师
摄影 / 詹建华　美术设计 / Maddy

作品尺寸：175cm×210cm

惠兰拼布日记花园

注入创作者的精神，心情使作品更具有“灵魂”。
——黄惠兰老师

永远忘不了，那一年自高雄远嫁台北时的不安及不适。

还好，我有一位体贴的先生牵着我的手，和我一起慢慢适应台北的生活。中国时报陪伴着无数的台湾人开始一天的生活，当然我也不例外!身为家庭主妇的我，一定要翻翻报纸、看看天下事、吃吃早餐来开启我每一天的序幕，真没想到，这一翻却翻出我10多年的拼布生活。从一开始什么都不会，到现在的什么都会做、什么都爱做，我想我真的爱死拼布了，谢谢中国时报。

在众多的拼布图案中，老祖母的花园，一直是我最想动手做的。因为这样的心念，我拿起针和线并且翻出柜子里各种珍藏的布，开始一个一个地缝六角形，再把一片片的六角形拼缝成老祖母的花园，望着看着、摸着想着，突然我无法移开我的目光，原来这不是老祖母的花园。

这是记录着我的拼布生活点滴——“惠兰拼布日记花园”。

粉红色花布缝成的花园诉说着老公爱我的言语!黄色棉布缝成的花园表示孩子们温暖的拥抱!红色古布缝成的花园，象征充满热情希望的我!灰色的花园表示今天心情不佳!一天、二天、三天……一个月、两个月，我因为忙碌而忘了它，我的“惠兰拼布日记花园”。

一年后，我再拿起这一片一片的“惠兰拼布日记花园”，将所有的花园一片一片组合起来，所有回忆涌回我的脑海，顿时过去这十多年的喜怒哀乐充满我心，仿佛重新来过一次似的，我重新体会了一次人生。

原来一切都不必担心，只要有一颗真诚的心，一切就ok啦!

终于，我完成了我最想做的作品“惠兰拼布日记花园”。

以前努力地做，用心地做，只想把作品做得美，做得好，现在我有了不一样的体会，除了缝得好、做得美以外，还可以注入创作者的精神、心情，使作品更具有“灵魂”，就如“惠兰拼布日记花园”加入我对拼布的热忱、耐心缝制的精神以及每天快乐幸福的生活心情，期待您欣赏我的得意作品“惠兰拼布日记花园”，也能和我有一样的心情触动。

◆作品设计、制作、摄影、文字提供 / 木藤纪子老师
◆翻译 / Magi ◆美术设计 / Dabbie

作品尺寸：185cm×230cm

无尽的世界Ⅱ
The Endless World Ⅱ

如同一点一滴地累积出生命精彩历程的生活方式。 ——木藤纪子

MY SIDE OF THE STORY

I love the hexagon

我喜爱六角形，是因为单一的纸型从经由不同的色彩组合与排列方式，可以衍生出无限组作品。随着心情从中心开始，往外一层一层地排列颜色，所产生的色彩协调性及形状，以一边期待的心情一边制作着。此作品总共组合了 11239 的小布片，全部以手缝拼接，花了约 3 年的时间才完成。这个六角形的世界是无止尽的，昨日至今日、今日至明日，如同在有生之年，一边学习着许多事，一点一滴地累积出生命精彩历程的生活方式……为了符合此想法，而取了这个拼布主题。

六角形的系列作品这是第 2 件，主题相同，但尚未出现我觉得有说服力的作品，所以，尔后我还想要继续挑战制作第 3 件作品。

注：此作品荣获 2009 年东京国际拼布嘉年华展的传统拼布——部门企业奖（可乐牌奖）、IQF(International Quilt Festival)2009、**手作部门** Honorable Mention。

Chat 2 传统图形的变化

从拼布的历史得知，至今广受人们喜爱的传统图案有 300 种左右，所孕育出来的图案大都以四边形和三角形的图案为基础。
而且传统式的图形既可搭配着典型的设计，又可创造出自我流派的图案组合，这种创作将可产生许多乐趣，也可让人绵延不尽。

文字提供 / 陈节老师　摄影 / Akira　美术设计 / Celina　协助 / 布能布玩拼布生活工坊(台中河北店)　TEL：04-22450079

夏日滋味

作品尺寸：104cm × 104cm
作者 / 陈节老师

作品制作趣谈

在收集布料的时候，必须了解各种布料的特征，然后才能适用于各种用途。当我采用柠檬果子布当 BORDER（边条），于是就利用“世界一周”的图形开始制图。将中心部分留出空间，采用贴布图案再与 BORDER 做系列故事结合，再将一层一层围起来形成正方形，运用清凉的配色创作变化的设计。

番茄篮

作品尺寸：97cm × 97cm
作者 / 陈节老师

作品制作趣谈

在拼布的作品图案中，有些是取材于我们常用的生活用品的图案，如器皿系列的传统图案有花篮、捕鱼篮、糕饼篮、菜篮、面包篮等。当时这种器皿的图案，总是带给人们一些甜美的梦想与期待。我利用配色将器皿形状明显表现出来。至于器皿内部颜色注意明暗、深浅的协调性，将新鲜可口的番茄放置篮中加以设计，别有一番滋味。

美国柠檬梦

作品尺寸：114cm × 114cm
作者 / 苏怡绫

作品制作趣谈

有图案的布很多人都不晓得该如何运用，但是经过老师巧妙的教学，搭配正方形的拼接以及边条上的变化，总是让人有惊喜的感觉，在做作品的同时也能感受到拼布带来的乐趣及满足，让人更想一直＂拼＂下去……

陈老师讲评：

这堂课我利用世界一周的 pattern 当架构。依每人的喜好做整幅故事的延伸，怡绫选用了 20 世纪 50 年代小童装的图案布料，我们裁剪这些可爱的人形来当主角，背景利用 3 种黑白系列布车出层次的设计感，人形图不修边幅以块状贴布缝上，为了使画面不失色而更增加活泼感，利用彩色纽扣布和条纹布做了些点缀，黑白数字也补足了空间。为了让主角更出色，在人形图的边边缝上黑色绣线加强轮廓的突出。围绕的正方形可使用中间色调的颜色，边条就采用稳定的黑底白点作为收边，为了让边条增加一些变化加入了黑白数字布，以扭曲线条作技巧利用，最后以绿白条做滚边收尾，使用了绿与黑辉映出时尚的 50 年代复古风。

作品制作趣谈

一直很喜欢小关老师设计的布，但从来不知如何下手，这次选用这个主题主要也是学习运用小关老师风格，由老师的解说才了解小关老师及时尚风格的色调及编排，你看看是否很时尚呢？

陈老师讲评：

若是你自己可以画图，也可把自己的故事画面放入，可作为纪念性拼布。如这方面不足的话，选用图案布当主题会比较容易进行，试着利用同样的框架创作出自己的风格。Pany 选用了时尚俏女郎当主题，主题布干净可爱，因此不适合用太花俏的棉布来表现，免得抢走了主题。使用两种黑白系列布与主题布将画面斜切成 3 等份排列不同于一般呆板的排列，也增加俏皮感！正方形的围绕色彩利用俏女郎衣著色环绕，表现出时尚的对比色彩，再用黑底彩色跳动英文字布做边条，然后加入少许的图案，在边条对角做贴布点缀，善用布的特性必能创造出自己的想象力。

缝纫游戏

作品尺寸：113cm × 113cm
作者 / 徐华祯（Pany）

粉红色拼布教主在台湾出书啰♥
指吸快子的拼布 甜蜜世界

■摄影／周祯和 ■翻译／Magi ■采访、撰文／璟安 ■美术设计／启予

一想到可爱的粉红色拼布，你一定会不假思索的说：这就是指吸快子的拼布啊！

《巧手易》的粉丝们，对她的名字一定不陌生。

曾在书内连载过的“指吸快子的粉红拼布城堡”、“甜点系拼布小物”在台湾拼布界都有极高的询问度，举办的讲习课也是场场爆满，指吸快子老师可说是新生代的超人气日本拼布作家。在日本师事于以时尚风格著称的名师小关铃子，指吸老师以鲜明的亮丽粉红色彩，打造出属于自己独特的女孩系风格，在日本著名的 *Quilt Japan*、*Patch work* 通信杂志等拼布杂志也经常见她的拼布作品，超级甜美的明亮色彩、无敌可爱的配件利用，指吸老师的拼布总是带来令人出乎意料的惊叹！让人不禁直呼“太可爱了！”

为了感谢台湾热情的粉丝支持，2012 年 2 月中旬，指吸快子老师即将在她超热爱的台湾出版她个人的第一本拼布创作书，要让台湾的粉丝们，抢先感受她的拼布魅力，关于指吸快子老师的独家拼布小秘密，就交给小编来为各位看官一探究竟啦！

拼布，就是 LOVE♥
——指吸快子老师

达人小档案

指吸快子老师

非常有想法的狮子座。

很喜欢甜点，收集可爱的布和文具、杂货。

出生于日本神奈川县川崎市，杉野短大被服科毕业。在 Hearts & Hands 拼布学校学习拼布，现在师事拼布作家小关铃子老师。作品发表于日本手艺杂志，活跃于拼布活动，国际横滨拼布嘉年华展及东京巨蛋展受赏无数。

个人第一本拼布全创作《指吸快子的拼布甜蜜世界》（首翊＆手艺出版）预定于 2012 年 2 月中旬轰动上市。

yubiyubiquilt

http://yubiquilt.exblog.jp/

好康报你知

购买新书寄回读者回函卡，即有机会抽中指吸老师精心准备的可爱配件礼物包喔！

抽奖截止日期：**2012 年 4 月 25 日**

得奖名单将公布于《巧手易》**NO.50**

以下采访简称（**H**：Hand Made 杂志 **Y**：指吸快子老师）

H：可以和台湾读者分享您接触和学习拼布的缘由吗?

Y：小时候开始就喜欢手艺，当时还没有拼布的概念，将手边所有的各色布片拼接做成抱枕，那是我第一件的拼布作品。做拼布是生活的一部分，与吃饭、洗澡、恋爱相同。

我对小关铃子老师说决定要在台湾出书的事，小关老师很替我开心。小关老师说“第一本书可以成为人生的宝物”，对我而言此本书真的会成为我很重要的宝物呢！小关老师指导我许多事，在此由衷表示尊敬及感谢她的教导。

H：一提起指吸老师，就会让人联想到粉红色及可爱的配件们，为什么特别喜欢粉红色呢？老师的作品设计灵感都是从何而来?

新书
抢先看

读者福利社

小编帮你问！最多人想知道的 Q&A

Q： 在超热爱的台湾出版的个人第一本拼布创作书，可以透露一下内容吗？指吸老师想对台湾读者说什么？

Y： 不论是哪个女孩子都会非常喜爱收藏“可爱”的书，现有的拼布书好像没有做过女孩类型的书。我想，读者若能在我的书中某页，遇见从来没有见过的拼布风格的话，应该会很快乐。

非常谢谢大家常常来参加我的讲习课，大家总是很开心且非常认真地学习，真的很感谢大家，能与大家见面真的非常高兴，也希望您们能多多支持我的新书。

Q： 小编在书中的作者序发现老师提及让您与台湾结缘的 JERRY 是谁？（笑）

Y： 是秘密喔！♥（笑）

Y： 当然最爱粉红色，但我也喜欢其他颜色喔！（笑）粉红色与其他颜色在搭配时会改变感觉，不只是粉红色，其他的颜色对我而言也是很重要的。

我的作品大部分是先决定主题后才开始制作，特别是大型的拼布被，作品的主题会比图案先决定，再考虑整体的构图。比起抽象的作品，我比较喜欢具体且有趣、可爱的图案作品。

H： 指吸老师曾多次造访台湾，对于台湾的印象是？

Y： 台湾真的是我最喜欢的地方，甚至常想若能不返回日本而留在台湾居住（笑）。我在台湾有很重要的朋友，因来台的次数很多因而累积了朋友们的快乐，台湾人很温柔与喜欢照顾人的优点，真的常常令我感动。

我和拼布谈恋爱

■作品设计、文字、图片提供 / 布之恋 施佩欣老师
■撰文整理/Anhouse ■美术设计 / Celina

我想拼布的千变万化，在学习过程中，
已经是丰富、精彩了我们的人生！
——施佩欣老师

舍弃没能学以致用的画笔，拿起针线开始缝缝补补、拼拼凑凑，进入这无法回头的拼布世界，为的就是要圆小时候的梦。

“既然你这么喜欢拼布，简直像是和她谈恋爱，那就取名‘布之恋’吧！”这是我工作室名称的由来，同时也是我先生对我的评论。

学生时代学的是纯美术，毕业后担任礼品设计工作，婚后搬到人生地不熟的台南，在一次逛百货公司的拼布教室时，立刻勾起小时候希望有台缝纫机的梦想，从此投身和拼布的爱恋。因接触了拼布，我的生活更充实，也结识到了很多同好，引领我深入这个兴趣。当先生因事业而再搬回台北后，更方便我陆续取得相关的证照：日本通信社艺术拼布讲师，日本文部科学省机缝拼布讲师、指导员，日本小仓缎带刺绣研究所讲师、指导员等。

回想起接触拼布已 15 年了，从先生反对到支持，从兴趣到教学，从教学到成立工作室，凭借的是对于拼布的一股强烈的热忱，坚持到今天，带给我莫大的快乐和感动。现在，我也希望“布之恋”能传递这一份热忱给喜爱拼布的人，让它不仅是提供学习的地方，同时也是同好的交流聚集场所，更惊讶有这么多对于拼布有兴趣的人！有老阿嬷也有小小学生，甚至偶尔也会有男生来学。总之，不管目的是为兴趣，或是当成学才艺，甚至于当做一项事业，我想拼布的千变万化，在学习过程中，已经是丰富、精彩了我们的人生！

木制的提把，让手作布包的质感更优。

经典款的先染布包，迷人又典雅。

百做不腻的拼布小物，在我喜欢的柜子里生动地展示着。

教室一景。

▲碎花布片的拼接，搭配罗曼蒂克的手作布花，散播着春天的温柔气息。

苏姑娘系列作品
可爱的苏姑娘，你喜欢她的哪一个造型呢？

▲◀教室里的乡村娃娃们，
走出户外晒太阳啰！

表袋的蕾丝装饰，诉说着拼布的浪漫。巧妙运用压线使包包的立体感更加鲜明。

Data
Sew Easy 拼布服饰咖啡
竹北市嘉丰五路一段 188 号
Tel：03-6585188

拼布迷爱逛街

Sew Easy 拼布服饰咖啡

摄影・文 / Magi 美术设计 / 启予

1. 店家赏心悦目的装潢与摆设，让客人感受到店家主人的用心。
2. 一入内不由哇的一声，进入眼帘的宽广空间令人惊叹，四周使用落地玻璃让阳光自然洒落，对于寸土寸金的台北而言，这样的店内设计是种奢侈的梦想。
3. 除了杂货之外，店家还贩卖杂货风的服饰。
4. 使用杂货陈列架做区隔的后方，是充满甜蜜感的咖啡厅。

听说新竹有两间拼布爱好者所向往的拼布店，小编即刻带着伙伴 Canon 君直奔新竹为大家采访，果真在新社区的新颖大厦一楼发现了店铺，从外面落地玻璃窗往店内望去，立刻被店内悬挂于楼中楼的壁饰所吸引，读者们一定也跟我一样很好奇吧！放下手中的针线一起快乐去逛街啰！

入门后右侧的黑色铁架上放满了手艺迷都爱收藏的杂货喔！

5. 隔层的 2 楼是教室，大家很认真地学习着。
6. 由 2 楼往下观看的景色。
7. 河马母女玩偶，好像招呼着客人呢！很可爱！
8. 不定期的羊毛毡教学也是店内的热门话题。

虽然店内物品繁多，但从细微处可以发现叶老师的个人品味，让店内每个角落都是幅美丽的风景。

招牌下方，放着日式杂货风的黑板，亲笔写下欢迎的字样。

Data
布坊拼布教室
新竹市胜利路 149 号
Tel：03-5258183

布坊拼布教室

摄影、文 / Magi　美术设计 / 启予

这里真的不是日本的自由之丘，相信大家看了会有此错觉，小编在此声明，此店真的是在新竹喔！位于百货公司的热闹巷内，由两间旧屋改造变成了拼布迷所钟爱的温馨店面。店家主人叶慈慧老师是拼布界的资深老师，除了拼布教学之外，也进口许多无敌可爱的杂货，让你一进来就流连忘返、为之着迷啊！

慢慢地寻找，如同寻宝的心境，就会发现处处有惊喜喔！

小编最爱这面墙，温馨的令人不想走出去呢！

1. 为了方便学员们选购，店内也放了许多进口布料。
2. 柜台处也布置得井然有序。
3. 由于房子的格局，老师巧妙地以木柜遮住了柱子，木柜内大大小小的玻璃罐刚好可以收纳五金类配件。
4. 用壁饰悬挂区隔空间，中间摆放着旧缝纫机改造的教学用桌子，连椅子也是很搭的杂货风格。

Data
Painted Pony'n Quilts
1015 S.Broadway.La Porte, TX 77571
TEL：281-471-5735
http://www.ppnq.com/

Painted Pony'n Quilts 拼布店

摄影、采访 / Magi 美术设计 / 启予

店门口可爱的巫婆娃娃，仿佛正对着大家说“Welcome ”！

虽然是第二次的造访，但此次更令人开心，因为可以拍摄照片与读者分享，由于国情的不同，此家店的布置呈美式风格且占地很大，每一区的布置主题很鲜明，让来参观的人可以很快找到所需物品。美国拼布店与国内拼布店最大不同处是店内并没有展示拼布袋子，反而有许多壁饰及布置家庭的用品，由此可见文化的不同，若是有喜欢的壁饰还可以买回家呢！跟着小编逛逛去。

店的另一区展示着缝纫机。

圣诞节在美国是大节日，布类、装饰物等都与圣诞节有关，弥漫着浓浓节庆的气氛。店内还摆着床，坐落在拥有广大土地的美国才能有此景象吧！

Baby 专区内放着婴儿床，这一区有许多可爱图案的布，方便妈妈们选购。

1. 一入门便可以感受到店内的大面积，我们开心地等着寻宝。
2.3. 假的楼梯护栏上，挂着许多拼被作品，很有家庭的氛围，由于接近万圣节，店内摆了许多应景的商品。

店内一角

快乐生活店招牌

万紫千红　拼布在北京

摄影、采访 / 特约编辑 詹宏人　美术设计 / 启予

用 Rowan 布开发设计的猫头鹰

万圣节的南瓜

北京有两千万常居人口，以紫禁城为中心。这超大都会，用6条环形大路环绕，给人的印象就是大，路大，墙高，连城区内处处星罗棋布的居住小区也大得气象非凡。

“悦然 DIY 手工生活”坐落在北京青年路的大悦城购物中心内，大楼有名牌服饰、美食、电影街及溜冰场，商城四楼悦然手工的橱窗，高达 4 米，长有 30 米，壮丽气派。我们拜会了店主张然老师，她谈到开店的缘起：“我从事 diy 行业有十余年了，早期流行毛线时就玩钩针，后来十字绣风靡大陆，我就进口高档的绣线，三年前一接触拼布，我就爱上它了。原本我的十字绣店在这附近的写字楼里，大悦购物城招商时，我觉得拼布非常好，应该让大家都知道，一股热情就投入了这家店。一开始，客人都很好奇 ：拼布是什么？我需要一边示范一边说明，现在好多了，连进口布使用的人也多了……”

张然在橱窗上用一张大字报仔仔细细介绍了拼布及课程，她说效果奇佳，从走道向内眺望，一幅苏姑娘壁饰高挂柜上，那天下午，店内坐满上课的学员，张然老师特别抽空介绍他研发的拼布摆饰，他自己最喜欢为万圣节做的小南瓜。张然说：“为了要跟客人介绍进口布与国产布的差异，我所有的作品都用进口布制作，像美国的 Rowan 布，色彩鲜艳，花样繁复，客人都说好看，但就是不知道怎么用，我作品做出来了，客人就跟着买布了……”

学员上课一景

“Joyful diy life”一个设计别致的店招，红 、绿、黄三原色的叶子，充满喜悦，生活因为有 diy 的湿润，特别滑润顺心。张然提着她的布包作品，立在布柜前拍照，那表情很欣喜、很幸福，就像那红、绿、黄的盛开花朵。

告别后我突然想到，印象中的城市，包括上海，好像还没人把拼布店开在高档的购物中心内，张然是有北京人的气度啊！

店铺外观

节令性的杂货教材

自行设计的布包教材

图案布的千变万化
"图案布"私房拼布秀

文字 / Anhouse　美术设计 / 李大人

千变万化的图案布，有最多的可能性。无论是取图设计、拼接、压线或是布的本身就是整片可以直接使用的大图，因为设计者的喜好不同，图案被应用的方法、创意也大不同，所以本期参与募集的作品可说是各有千秋，谁能够拔得头筹成为人气王呢?那就得让公平公正的读者们来评判啰!记得要写回函来投票，帮您支持的作者应援集气喔!

Ann & Andy 两小无猜：相机套 & 印章套
创作者 / 陈嘉玲（星星拼布屋）

相机套的一面是Ann，另一面是Andy，用可爱的铺棉相机套，来宝贝您的相机吧！小小印章袋，有着男孩和女孩的可爱图案，相同的红发，三角的鼻子，我们是默契的好朋友喔！

美味厨房隔热垫
创作者 / 洪菁珮

端上可口的甜点，巧克力咖啡配上草莓樱桃红，冷冷的冬天里，也要来点暖暖的下午茶。

花语夹链口金手提包
创作者 / 求慧贞老师（幸福种子拼布教室）

很美的花语图案布，省去了繁琐的拼接，以20厘米的细口金加上口布、拉链，完成了小巧典雅的花语夹链口金手提包。

秋之夜化妆包
创作者 / 林凤凰　指导老师 / 求慧贞

很有意境的图案布，喜欢秋夜宁静的感觉，把这份宁静放入暖暖的手作里。

新愿：万用手册套
创作者 / 优秀轩

新年新气象！选上女儿们最爱的图案，送给爱涂鸦的小女孩，画下梦想，写下心情，细腻的心思，只有自己懂！属于我的秘密花园。

圣诞礼物
创作者 / 磊丽芊

热闹可爱的圣诞系图案布，让12月的Holiday格外有感觉!把心愿便利贴放进袜袋里吧!圣诞老公公会去收件的。

"搜"寻启事

票选您最爱的图案布造型作品，填写寄回本期回函参加抽奖活动，将有机会获得当期赠品，让您支持的作品在下一期杂志中有独家做法大公开的发表机会喔！

《巧手易》"搜"集部强力征求有创意、有想法、有设计、有原创风格的手作达人，带着您的拼布作品来《巧手易》踢馆吧！
欲参加同步主题手作募集之相关信息，请见P.84
※本募集单元为拼布人分享创意的舞台，为感谢每期参与票选的广大读者支持，欲参加者请以有意愿提供做法及纸型为考虑再来信投稿，感谢您的配合及见谅。

荷莉斜背包
创作者 / 紫恋手工坊

用以赠送好友的礼物，简单的包款，利用可爱的图案布，就可以创造出不同的感觉。

快乐郊游旅行包
创作者 / 俞攸洁

用清爽的蓝色布及高原老师2011的图案布制作，以带着孩子出游的心情来创作。全家旅行最适合带着超大旅行包包，装下一家人所有东西，背面设计外开拉链、放置悠游卡空间，包身侧边环绕着巴士图案布，里面装载着一家人满满的欢笑及无限回忆。

花精灵的下午茶
创作者 / 徐丽娟
指导老师：叶美华（鸭子拼布屋）

凑在一起的花精灵们，喝着下午茶，享受这悠闲的阳光时刻。

恭喜NO.46参加巧“搜”主义——
主题同步玩手作“先染布”

创作者陈丽蓉小姐获得读者票选第一名！
我们将赠送您2本最新出版的《巧手易》，
感谢您的努力和做法分享。

先染布造型募集票选 TOP1 做法大公开！

贝壳之花提袋

作者说：

贝壳之花提袋最大的特色，就是由同系列米色先染布由浅至深排列，偶而穿插几片跳脱顺序的颜色，可以让整体感觉更活泼可爱！此作品可参考照片成品，也可自行设计。

●作品设计、制作、图片、做法绘图提供／陈丽蓉小姐　●内附原尺寸图　●完成尺寸：约37cmX25cm
beauty23294070@yahoo.com.tw
文字整理／Cheerannies　美术设计／Maddy

材料：

先染布5cm×5cm391片
(本作品共准备米色系由浅渐深的先染布共25块，裁成391片再排列规划出想要的感觉)
白色含胶布衬3cm×4cm391片

里布30cm(30cm×90cm)米色图案棉布
坯布30cm(30cm×90cm)
铺棉30cm(30cm×90cm)
磁扣1组
皮制提把1组、黑色塑胶底板9cm×30cm

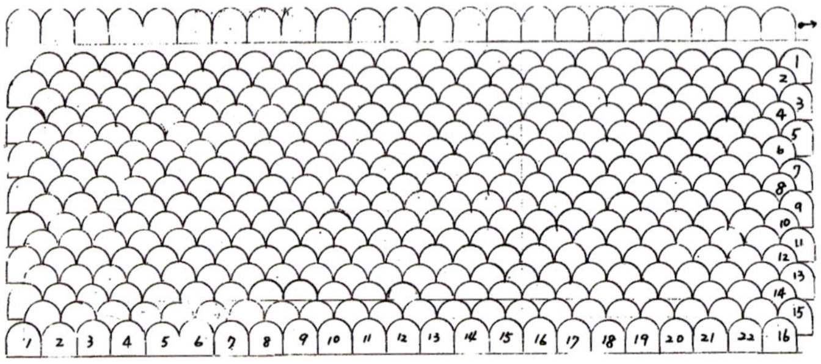

准备与袋身及内里布接合的贝壳条23片卷缝而成，颜色需与第一排相类似。

纸型排列图　袋身图示　23片×16排=368片

HOW TO MAKE

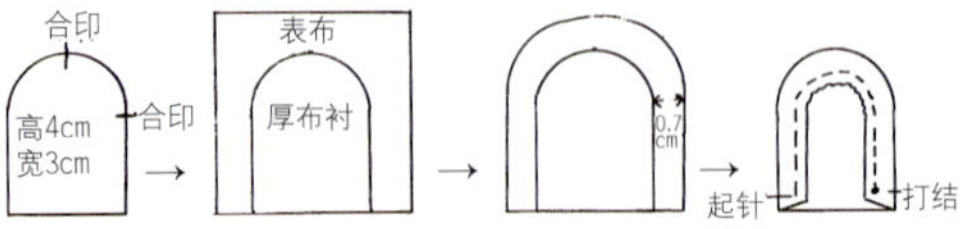

STEP1. 制作贝壳

1 将所有表布裁成5cm×5cm。

2 依实际大的纸型剪下布衬后，烫于表布上，下缘要对齐。

3 裁剪布块，留0.7cm缝份。

4 由下方平整处起针，回一针后缝平针，到对侧开始拉缩，再回针固定。

5 袋身23片×16排，再加上接合用的贝壳条，总计368+23=391片贝壳。

6 将拉缩好的布块依序卷缝至合印处。

※规划好自己的配色计划(本作品是由上至下渐层配色)，缝制好23片一排，总计16排。单双排顺序缺口依袋身图示正确排列，缝合环状袋身时才能正确地接合。卷缝成排时需仔细对齐串连成一片时亦需对齐。

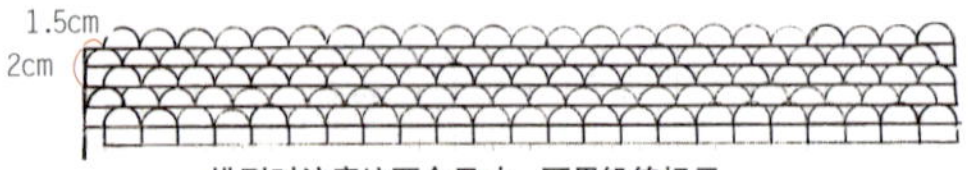

排列时注意这两个尺寸，可用铅笔标示，对准这两个标示即可缝制出整齐的袋身表布。

7 取30cm×80cm坯布一块，将已缝好的贝壳条一一疏缝固定于坯布上，喷胶上铺棉，以隐藏针缝一进一回缝合贝壳的上缘顺便压线(以一上一下来做，比较轻松)。在坯布上画出缝向及横向记号线(第一条横线距离为2cm，其他为1.5cm)再将缝好的贝壳一条条对上去疏缝固定。

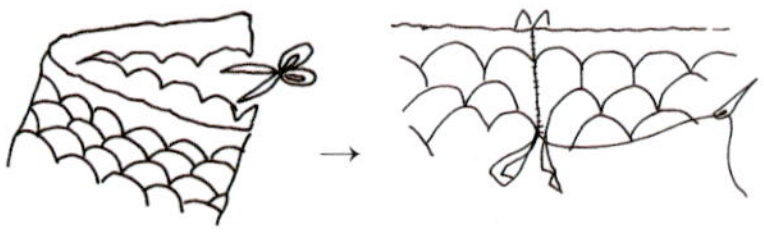

8 袋体组合如图示：将贝壳包表布由反面一层层由下而上卷缝，完成后，剪掉多余的铺棉和坯布，再将两侧卷缝。

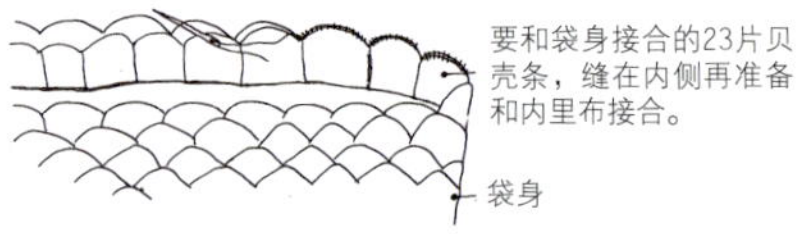

9 袋身组合完成后，再准备一条也是23片卷缝好的贝壳条(做法尺寸同袋身，颜色也需和袋身第一排颜色接近才会好看)与袋身最上方的袋口接合卷缝一起，准备内里布接合。

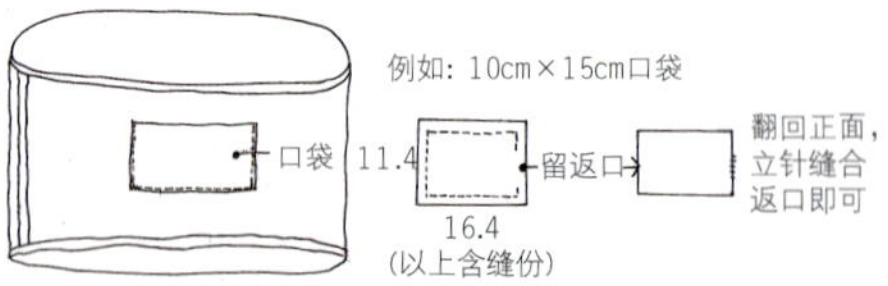

10 内里布制作时尺寸即翻转袋身来测量，也可再加上简易口袋(依自已需求做1或2个皆可)。

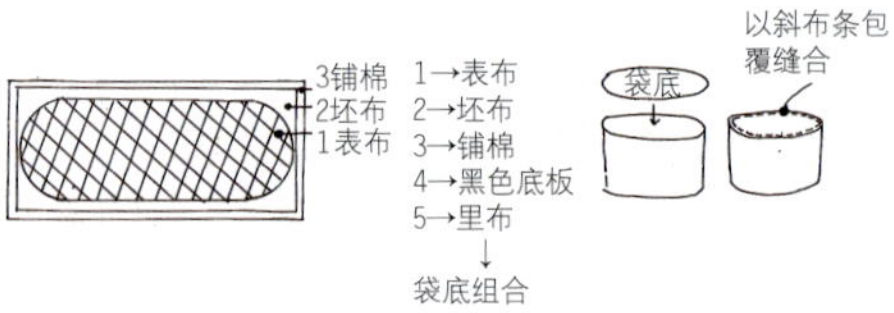

11 袋底制作时先将尺寸测量抓出后，准备表布(深色先染布较耐脏)、铺棉及坯布，压线完成。再加黑色底板(尺寸同袋底往内裁0.7cm以便包覆在袋底内)及内里布，五层组合完成，再与袋身组合。

12 袋身和袋底缝合后，准备4cm×90cm斜布条，将缝合处包覆完成，翻回正面，桶状袋身显得挺直立体。

13 最后依实际完成品找出适合位置缝上皮制提把及磁扣即完成。

Hand Made Stage

新的一年又来啰！你已经想好要做些什么可爱的拼布小玩意迎接新年了吗？可爱的龙年吉祥物新单元，在下一期即将登场，你也跟着我们一起做些应景的拼布，让家里有焕然一新的好气象吧！

■文字 / Csvmilk ■美术设计 / Dabbie

Hand Made Talk

天使熊三层袋

◆创作者 / 吴秀缘 ◆指导老师 / 叶美华

现在非常流行的肩背袋形创作，两侧还有置物口袋，搭配熊熊图案布，可爱极了！

我的拼布动物园：自己的手作玩具

◆创作者 / 陈丽蓉 ◆指导老师 / 林翠华

我喜欢翻阅各种手作杂志，看着前辈的作品加上自己的创意做出独一无二爱不释手的作品。

我的拼布屋

◆创作者 / 许和美

◆摄影 / 张凯莉

有别一般包包风格，将包包做成房子的造型，里头住着好多可爱的小动物，打开门，还有狗狗迎接我回家。

幸福的小孩

◆创作者 / 王梅珍、谢旨云、陈敏惠

◆指导老师 / 林诗龄

“福”字的笔画里，是小小苏姑娘和比利在玩耍的模样，所以将作品名取为“幸福的小孩”，是一幅迎接新年十分应景的壁饰作品。

甜美柚子波士顿包

◆创作者 / 凌婉芬

因为将侧身做成可爱的柚子状，所以取名为柚子包。运用帆布与棉麻的搭配，衬以特殊造型可调式肩背带，让这个波士顿包款更显可爱与实用喔！

读者大票选
人家就是要教学！

玫瑰女人香亮紫提包

◆设计、制作、文字提供 / 布能布玩拼布生活工坊南京店　颜淑媛老师
布能布玩拼布生活工坊 http://www.patchworklife.com.tw/
TEL:02-25112809
◆内附原尺寸图

NO.46 票选 NO.1 最想要有教学的作品

How to make

材料

表布：拼接用布约 51 种各 7cm×7cm2 片
里布：60cm
底：(表布、里布)20cm×40cm
口金：25cm×6.5cm
单胶铺棉
蕾丝：5cm×120cm
皮制提把 1 组

做法

1. 表布拼接完成前、后片，反面烫上铺棉再压线。
2. 步骤 1 的 2 片正面相对缝合左、右侧边。
3. 袋底的表布反面烫上铺棉再压线，与步骤 2 接合完成表袋。
4. 里布 2 片各在一边的反面烫上铺棉，有烫铺棉的那一边与口金包里布的正面相对，车缝袋口处。
5. 将口金包的里布翻至正面整烫再压固定线。另一边做法同步骤 4 即完成口金的袋口。
6. 疏缝口金包的侧身。
7. 将里布的左、右侧夹车步骤 6 固定完成里袋。
8. 将里袋套入表袋内，车缝袋口一圈 (需留返口约 15~18cm)。
9. 从返口处翻至正面，并缝合返口处，袋口处缝上蕾丝装饰。
10. 缝上口金与提把即完成。

最新募集主题

巧“搜”主义——主题同步玩手作

我的创意马卡龙小吊饰

NO.46 期八周年庆祝号内教学的马卡龙小吊饰，你也看书跟着制作了吗？
快把你的创意马卡龙秀出来吧！

截止日期：2011 年 12 月 25 日，录取者将刊于 NO.48 期

注意：
以上募集不限定颜色并加入自己的创意，请以“布”作类作品为主，尽量以未刊登其他杂志为限，为避免版权争议，作品请勿一稿多投。若作品的构想为参考其他书籍，也请详记书名并加入自己的创意，请勿与原作品雷同。并用文字详述介绍作品 (文字 30 字内)，参加者请先附上 1、2 张照片，或传数位图档 JPEG 至本公司电子信箱 (made.mag@msa.hinet.net)，录取者我们会寄上小礼物以示感谢。
请于指定日前寄至本公司，台北市南京东路 1 段 52 号 6 楼　企划部收，并在信封封面注明参加单元，以利作业流程，谢谢合作！

* 作品若没有录取，照片不予退还，敬请见谅。但是，为了尊重作者，此照片不会利用在杂志以外其他用途。
* 本公司有保留审核与赠品更换的权利，如遇赠品用完，将以同等值的赠品代替，敬请见谅！

Preview

下期预告

《巧手易》48
2012年3月

NEW！全新企划

我的拼布生活　厨房
全新主题，四大名师共同打造不同拼布风格的厨房场景。

布的食衣住行
全新改版，全新连载，生活的处处角落都是拼布的存在。

花样厨娃
《好可爱拼布》作者再度回归《巧手易》舞台，带来更多全新人物，满足粉丝的殷殷期待。

龙年吉祥物拼布
吉祥可爱的人气龙家族，带着福气飞进《巧手易》，祝福大家在2012年都能吉利兴“龙”！

陈慧如老师的“拼布与彩绘”
拼布与彩绘的创意火花，就从这里开始！

KAT' S QUILT GARDEN
阿KAT老师的全新连载，在她的花园里会有什么样的精巧拼布呢？

谢容伊老师的“粉领系的蕾丝童话”
师承日本时尚拼布大师小关铃子的新手作家，《巧手易》首度连载，超人气登场！

拼布研究所
研究拼布的专业级达人，大方分享多年来的拼布相关史学资料，在《巧手易》的拼布研究所上课啦！

Mommy' S Handmade Corner
网路人气手作家Ann妈咪的拼布小角落

拼布迷爱逛街
小编和Canon君一起游遍台湾、内地、美国拼布店！

更多新单元介绍，请翻阅《巧手易》NO.48。
众多热门及购物资讯请上《巧手易》官方网站www.handmade-tw.com

Quilt News

日本拼布艺术大师
池敬子老师
来台专访报道

3年未来台湾的池敬子老师，神采奕奕地与先生及儿子再度造访台湾，此次来台，主要是为了个人的首次展售会和研习课与广大的粉丝见面，小编欣赏了池老师在台中展览的50多幅作品后，内心除了崇拜之外，更惊讶此位外表如同一般主妇的池老师是如何创作出细腻线条及天马行空般的抽象构图，作品量众多的她又是如何设计作品的呢？让我们再次接触日本拼布艺术大师——池敬子老师。

（※初次专访池敬子老师的报道请见《巧手易》NO.28期P.92～93）

采访、摄影／Magi　协助／隆德贸易有限公司　美术设计／李大人

以下采访简称（H：Hand Made巧手易　池：池敬子老师）

池敬子老师夫妇与作品合影留念

H：欢迎老师再度来台湾，3年前到台湾与现在是否有不同的感觉？

池：上次来台湾是因为有研习课，没太多时间观光，此次与儿子一起来台，是首次的三人海外旅行，且下飞机的地点是在台北松山机场，格外兴奋，可以顺便看一下台北的风景，感到很开心。

H：3 mm宽的布条与5 mm点点的快速机缝技巧是老师的作品代表，请问是从何时开始创作的呢？

池：12年前开始的吧！我想做从来没见过的拼布，以前的拼布都是手缝，但因为我有做洋裁，一直都有使用缝纫机，所以想做用手缝加机缝所完成的作品，刚开始从3 mm宽的细布条开始试做，后来为了搭配同时间也完成5 mm点点的技巧。我并不是不喜欢手缝，但现在都是使用缝纫机做作品，因为机缝可以做出手缝所无法完成的构图与技巧，我非常喜欢缝纫机。

H：老师在设计作品时是先构图，还是决定了布及颜色才开始制作呢？

池：设计先决定，因为怕忘记我先将灵感画在纸上，平常我有收集资料及材料，若碰到合适的布及材料才会开始制作，基本上使用无图案的布比较多，希望加入如同画一般的设计，我也有许多作品做到一半放在家中，我不会勉强或强迫自己完成。通常有了灵感先画在纸上，标上色彩、决定尺寸，再复制修改数次，最后再画在原尺寸的纸上，裁剪纸型后再制作。

H：大家很惊讶老师此次为何会舍得卖作品呢？是否可以与我们谈谈想法？

池：25年前在故乡高知县展示时，当时想卖作品看看吧！因为我很努力做作品而制作的速度很快，除了义捐给医院及美术馆之外，在日本国内巡回展览的作品约有20件，目前还有50件作品在家里，除了家用小东西之外使用的床罩就有30件，我只有1个儿子，作品这么多让他很苦恼，留给他与子孙也有限，我想若送给别人的作品跟自己用钱买来的心情会不一样吧！并不是我想要卖多少钱，而是希望大家对买来的更加珍惜。但是也有非卖品，有一件作品用自由曲线做得很辛苦，所以那件作品是不卖的。

H：此次的台湾个人特展觉得如何？

池：当我听说台中的展览厅完成时，我通过友人向吕老板提出想在台湾办特展的想法，吕老板很爽快就答应。这里很漂亮且明亮，作品放在这，比收在家中的抽屉内还幸福，我会不断做出新作品在此展示，希望台湾的朋友或来台湾旅游的日本人都可以到此参观。

小编对于池敬子老师一家人的深厚感情非常羡慕，也访问了老师的儿子池一成先生对于身为池敬子老师的儿子有何感觉？

池一成先生说：“小时候很自然而然觉得缝东西是妈妈的工作，并没有什么特别的感觉，最近才觉得母亲好厉害，几年前日本杂志*Quilts Japan*特别到高知县采访，还有母亲受邀至海外讲习等，母亲的厉害程度也是最近才了解，很让我尊敬。因为我的工作是电脑相关，所以用电脑帮母亲整理作品资料，将母亲的原创图案制作成CD光碟，只有这些事是我可以尽一些力量帮忙。

后记：池敬子老师与老公池敬和先生是高中同学，结婚至今已41年，先生因为老师的影响也有制作拼布，作品还在横滨展中得奖，夫妻鹣鲽情深，与儿子间的相处也像朋友一般，羡煞许多人，因为有全家的支持，池敬子老师才能专注创作这么多很棒的作品吧！

How to make

■做法绘图、美术设计／宇柔˙Maddy

※亲爱的读者：为了避免争议，刊登的作品教学内容为老师的原稿呈现，拼布用语会略所不同，特此告知。

P.6 长耳兔仔乖乖睡・斜背袋

材料

A布30cm
B、C布15cm
厚、薄布衬各30cm
贴布：白色布、灰色布、黑条纹布、白条纹布各10cm×10cm
里布30cm
1.5cm磁扣1颗
宽3cm、长55cm缎带1条

做法

❀1 按纸型A裁布2片反面贴上薄布衬，分前后2组。前片缝上贴布图案，眼睛部分使用平针绣。

❀2 B裁布2片，反面贴布衬，分别与A组合完成。

❀3 按组合完成的部分裁同面积里布2片，贴厚布衬(可依需要缝制内口袋)。

❀4 如图内、外袋各自组合，车缝好之后烫开缝份。

❀5 车缝袋底两侧。内袋反面朝外与外袋套上袋口疏缝固定。

❀6 C袋口盖布裁布2片贴薄布衬，如图车缝好，缝份剪牙口，翻至正面，整烫。

❀7 如图将袋口盖布固定在袋身背面中心，背带固定在两侧。

❀8 取包边布3.5cm宽、长度为袋口一圈，包缝袋口，将缝份与包边完全倒向内袋，固定。

❀9 缝上磁扣，完成。

1 2

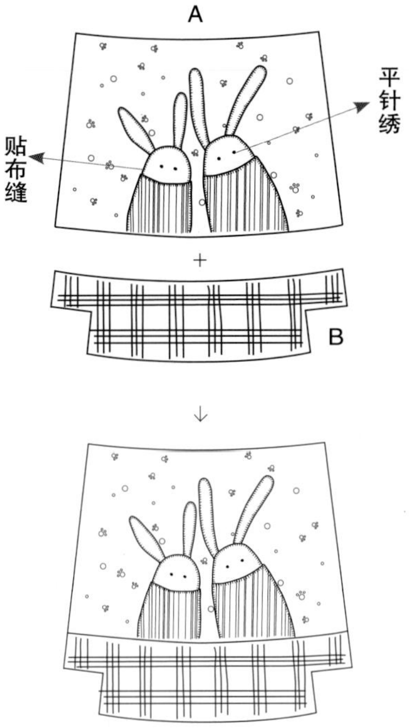

3

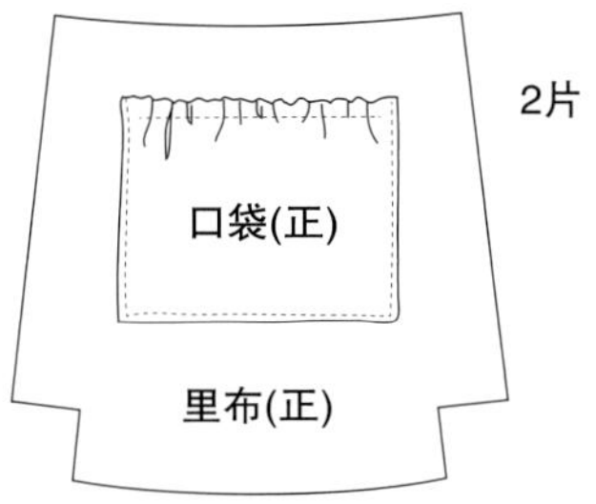

4

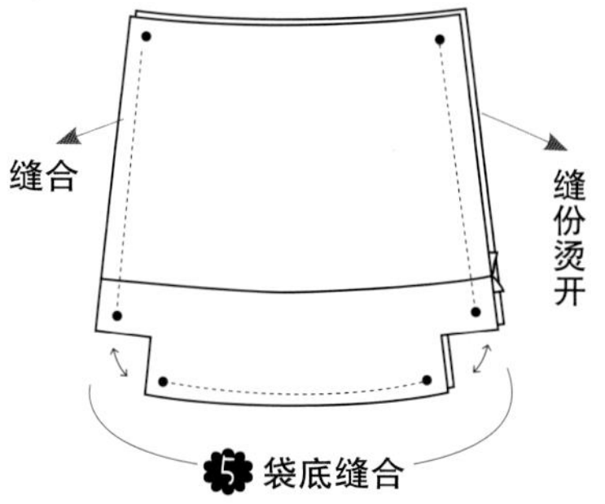

6

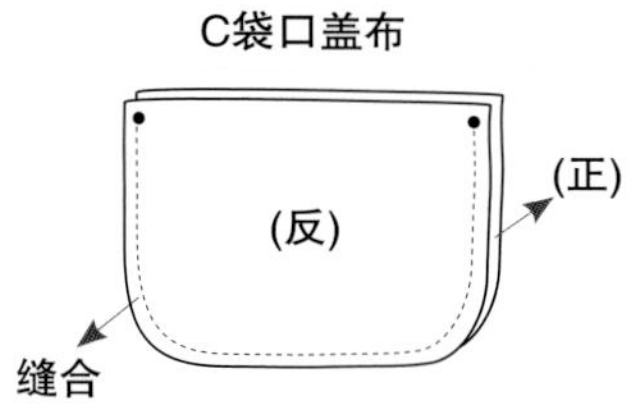

7

8 9

完成图

How to make

P.8 储金簿收纳袋

材料

主布18cm×13cm
拼接用布适量
里布18cm×60cm
扣子6个
拉链16cm1条
皮扣1组
鸡眼扣1个
珠珠3个
装饰用汤匙、叉子
铺棉18cm×23cm
金属链条

做法

❀1 表布拼接，贴布缝图案，再与铺棉一起压线，刺绣装饰。

❀2 如图制作口袋。

❀3 将步骤2疏缝于步骤1，与里布的正面相对，缝合一圈，留返口不缝。

❀4 从步骤3的返口处翻至正面，缝合返口处。中心处用缝纫机的花盘车缝装饰，开鸡眼扣的洞。

❀5 于步骤4缝合固定上金属配件即完成。

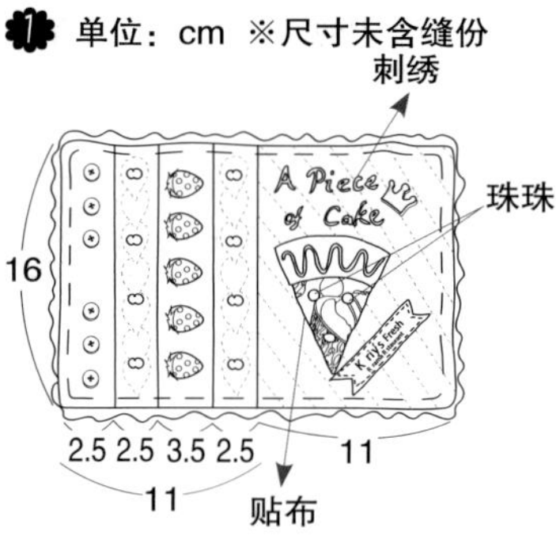

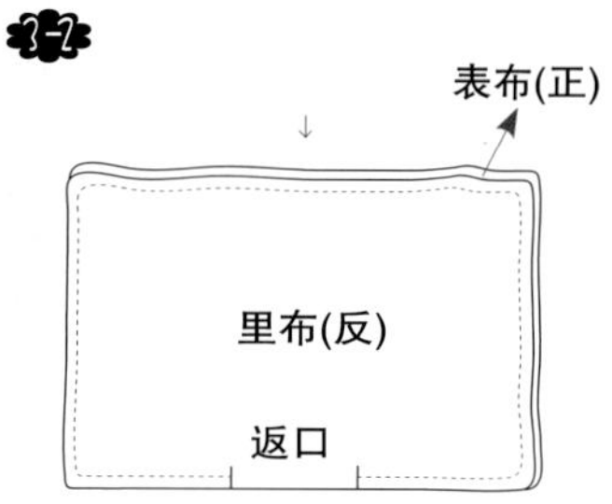

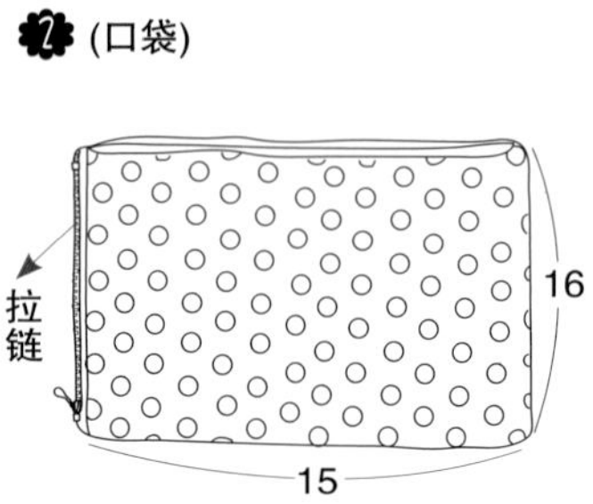

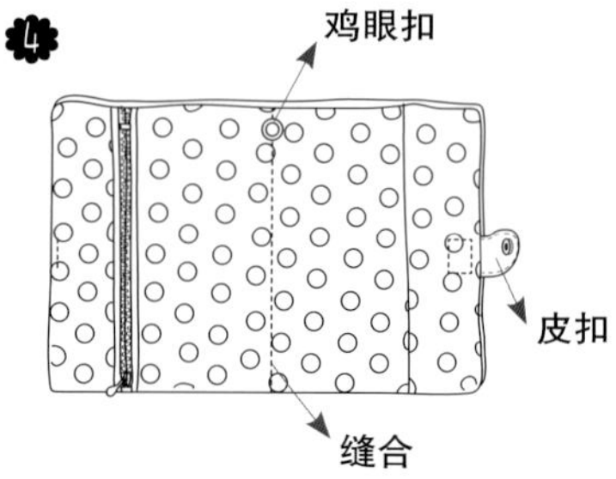

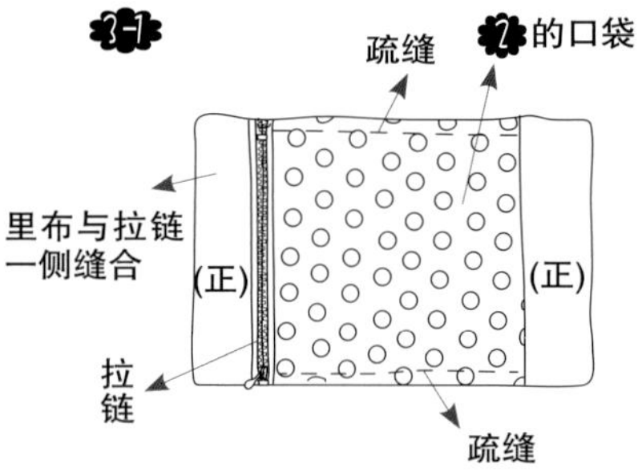

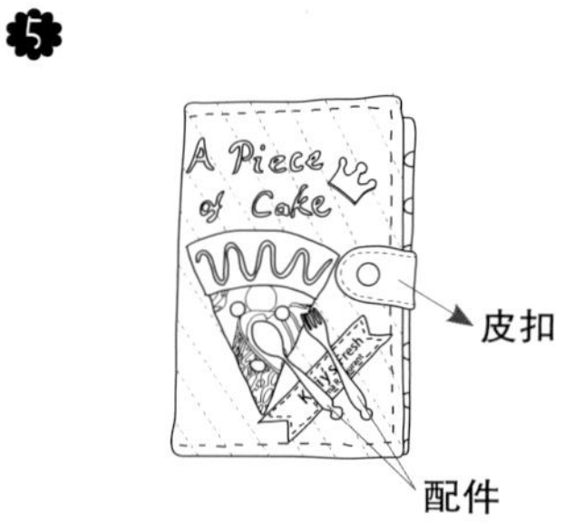

完成图

P.9 印章收纳口金包

材料

口金1个
前侧上部分5cm×14cm
前侧下部分6cm×14cm
后侧8cm×14cm
贴布缝用不织布
扣子3个
皇冠配件1个
铺棉16cm×14cm
里布16cm×14cm

做法

❀1 前侧部分贴布缝图案，与铺棉一起压线。

❀2 步骤1缝上扣子，刺绣图案。

❀3 步骤2完成后与后片(布的正面相对)一起缝合。

❀4 里布做法相同，套入表袋(布的反面相对)。

❀5 步骤4与口金的绳子一起塞入已涂上白胶的口金内夹紧固定即完成。

※若选用口金是缝合款式，则请缝合固定。

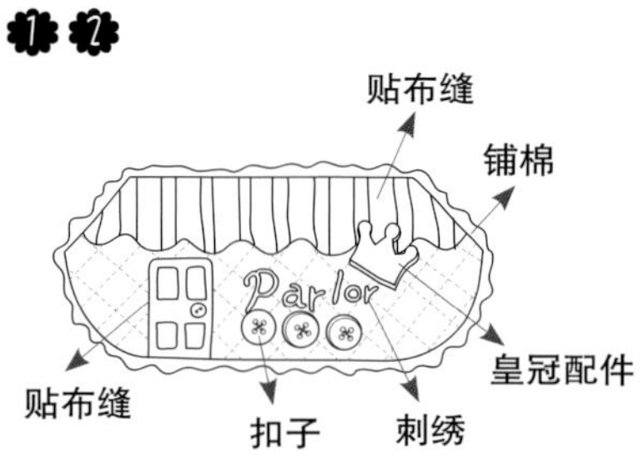

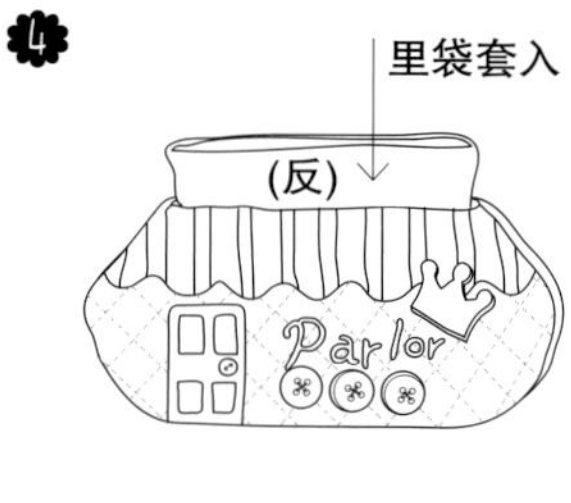

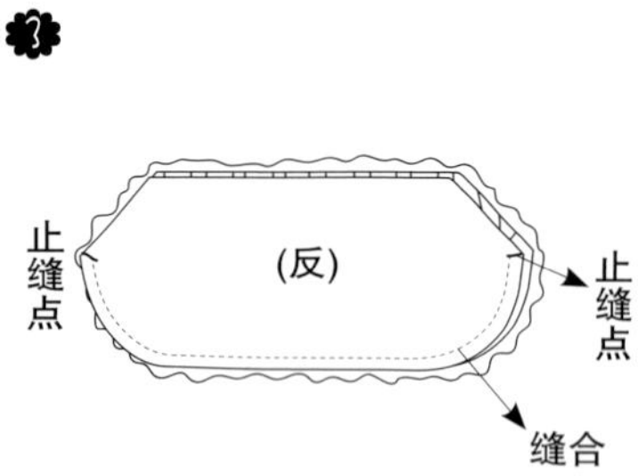

完成图

How to make

P.12 黑森林的圣诞派对包

材料

羊毛毡配色8种少许
提把40cm1组
绣线黑色、橙色各1股
圣诞装饰扣6颗
65cm×4.5cm长条布各1条
外袋用布60cm
内里布60cm
厚布衬60cm
女孩头发用毛线少许

做法

Point. A

❀1 剪出直径23cm半圆，当做戳戳乐土台布，依序戳圣诞女孩衣服→脸→头发→帽子→白色帽檐→围巾→雪人→耳罩→手套(雪人帽尾小球、耳罩及手套皆以1支羊毛毡工具即可，戳出细部)。

❀2 戳两边圣诞树，是由背部戳3色混搭，颜色才易饱合，最后依序绣出眼→鼻→嘴。

Point. B

❀1 内袋部分同Point.A剪半圆车一圈留返口处，翻回藏针缝合返口，正面即成口袋的袋盖。圣诞树绣上装饰扣。

❀2 底部65cm×4.5cm，两色交叉成锁链状(皆车上蕾丝毛边花盘绣)。

❀3 正面口袋16cm×30cm，上口布车花盘后，与正面袋身21cm×30cm车U形，可上提把。

❀4 背面23cm×30cm(反折3.5cm)上口布口袋15cm×30cm(反折4cm)，与下口布两处口布接车花盘。

Point. C

❀1 后背加口袋中间车分隔线，可上提把。

❀2 内里布皆上厚布衬，先独立车好袋身，返口留在侧面。

❀3 B加C接好成外袋袋身，与内袋口布车好，翻至正面藏针缝。

❀4 最后立针缝上有羊毛毡刺绣的半圆袋盖，即大功告成。

Point. A

1 2

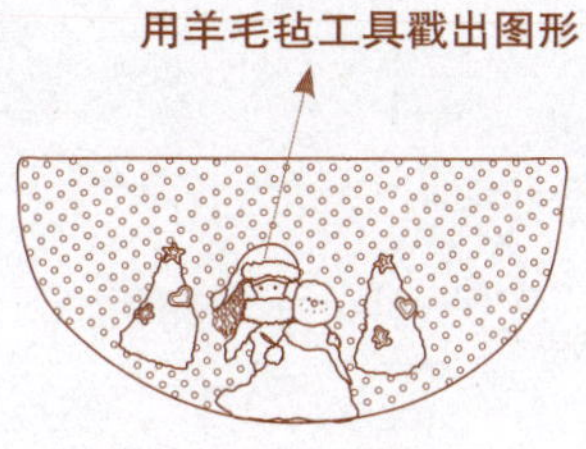

4

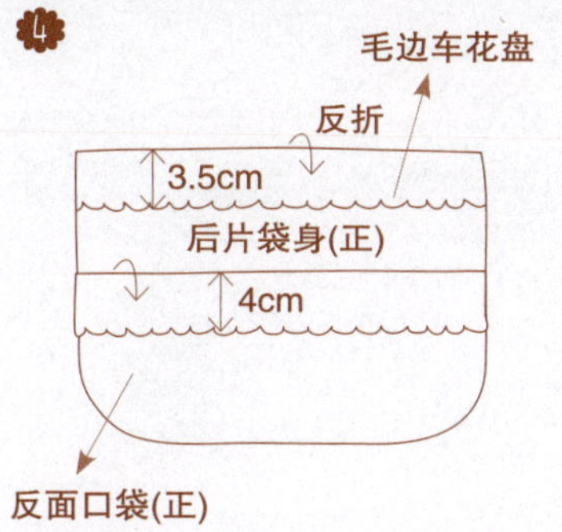

Point. B

1 袋盖

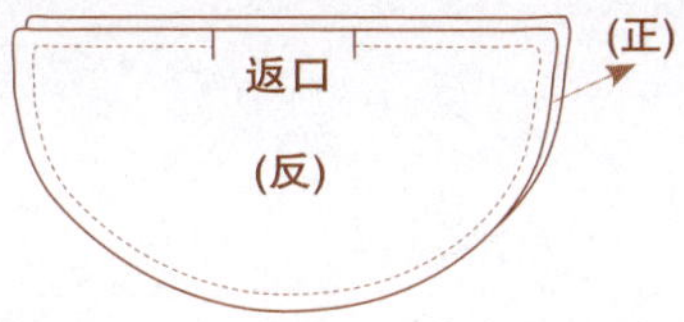

2 底部

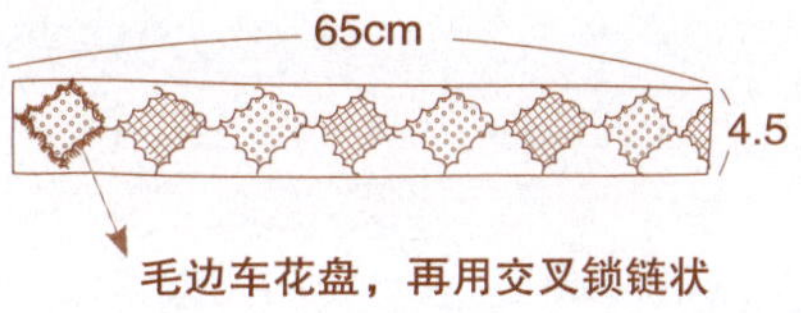

3

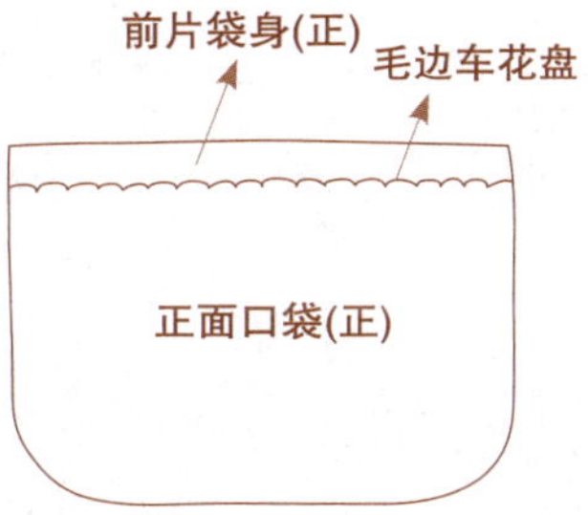

Point. C

1 2 3

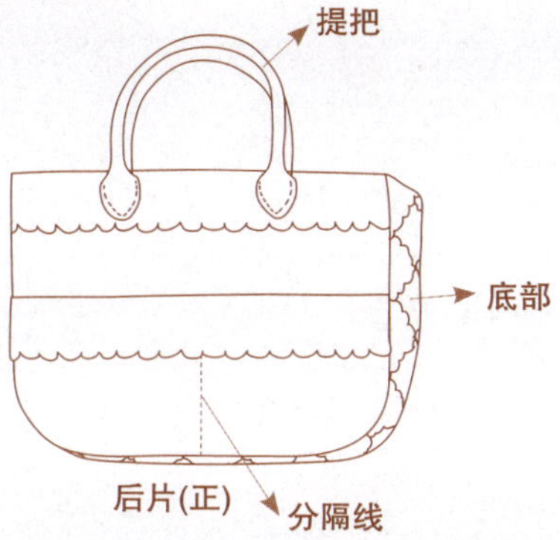

4

完成图

P.13 红发安妮侧背包

材料

正面表布配色布少许、图案布3片
蕾丝25cm2条
背面表布25cm×25cm
侧边布＋包边布＋缎带装饰布30cm
拉链口布15cm
内里布30cm
坯布30cm
拉链15cm、 20cm各1条
缎带140cm
日形＋口形小五金1份
铺棉

做法

❀1 表布依纸型拼接完成，将表布＋铺棉＋坯布，疏缝压线。

❀2 裁与表布相同尺寸的里布，制作个人喜爱的内口袋。

❀3 表布3片、里布3片各自接合成袋，里袋放入表袋备用。

❀4 拉链口布裁17.5cm×3.5cm4片，表布＋铺棉＋表布缝合于拉链一端，另一边做法相同。

❀5 将步骤4疏缝于步骤3袋口，取44cm×4cm斜布包边完成。

❀6 裁140cm×2cm斜布，车缝于缎带，固定日形＋口形小五金，再车缝于袋身两侧即完成。

1 2

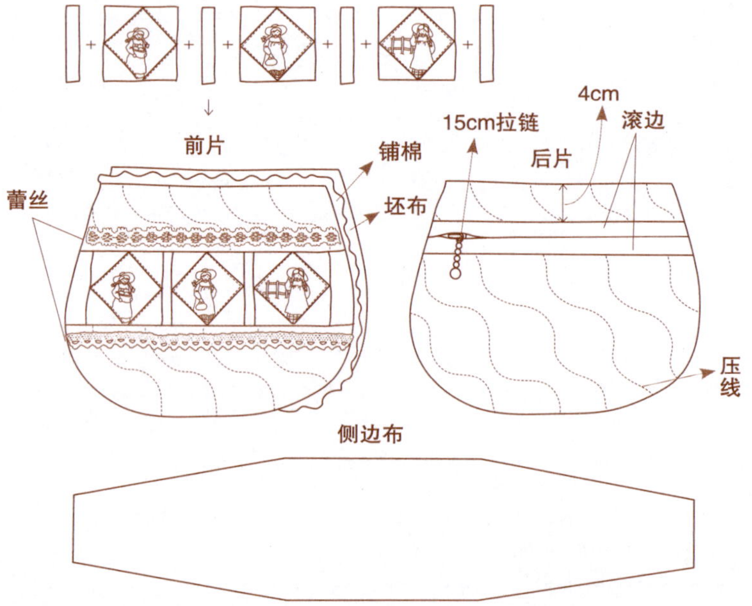

5

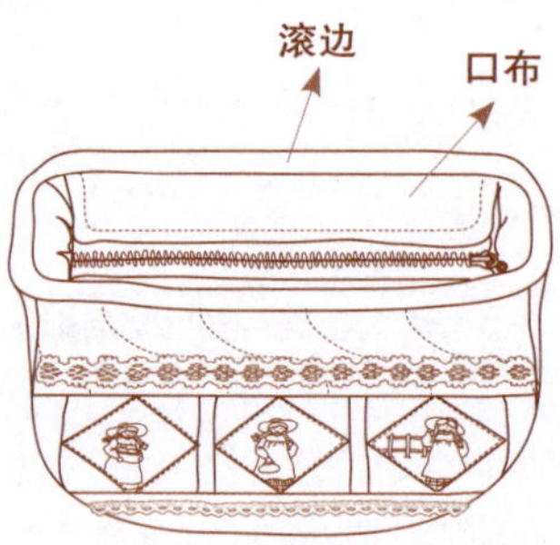

3

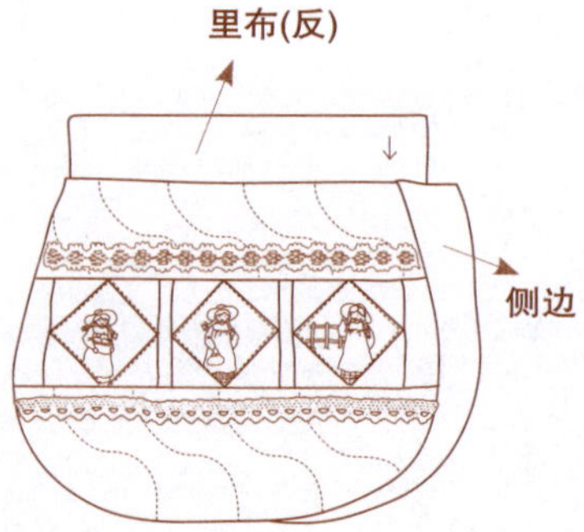

6

完成图

4

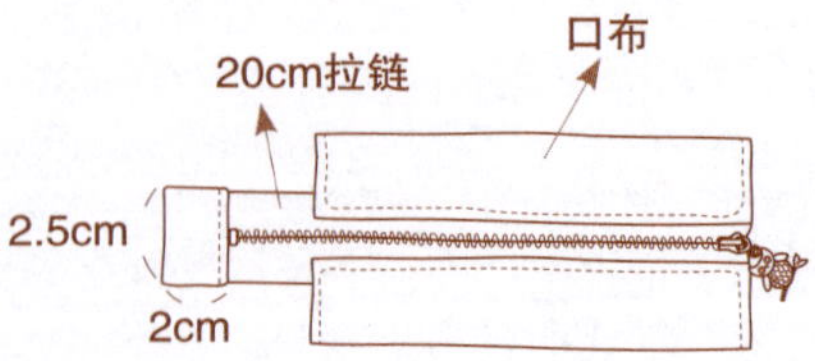

How to make

P.14 我们的万圣节日记

材料

配色布
小边条3cm×64cm4条
大边条13cm×78cm4条
后背布、铺棉、滚边条

做法

❀1 先将图案布及配色布裁剪成如图尺寸。

❀2 将配色布分区拼接，再与图案布拼接，逐步拼接组合完成。

❀3 再接小边条及大边条。

❀4 表布、铺棉、后背布三层一起疏缝。

❀5 最后再压线，滚边完成。

1 2 ※请外加缝份 单位：cm

3

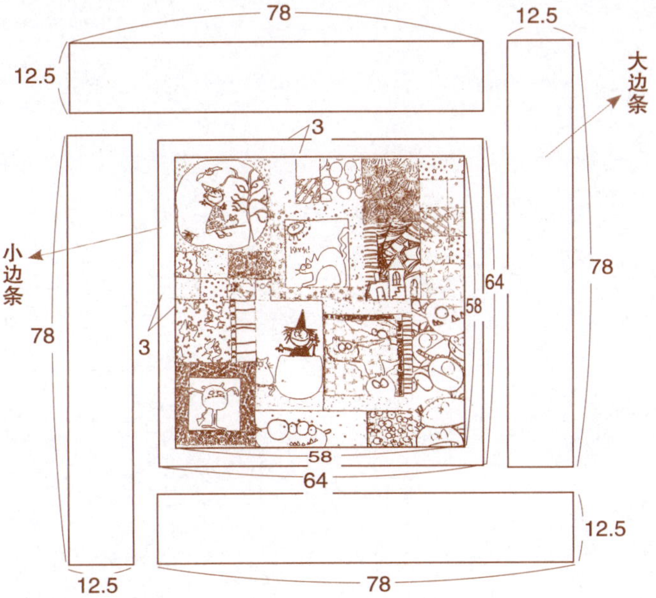

4 5

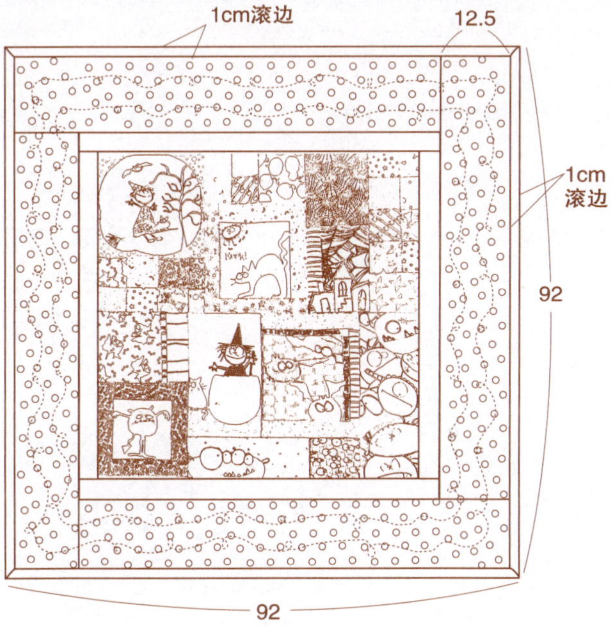

完成图

How to make

P.15 美式小屋置物提箱

材料

图案布取所需部分
铺棉
2.5cm缎带少许
拉链35cm2条
里布、配色布少许
薄衬

做法

❀1 表布＋铺棉＋薄衬，平压图案轮廓。

❀2 2片接合连同内里上滚边，或者先上滚边及拉链再上内里。

❀3 上盖图案布＋铺棉＋薄衬压线，先固定上两侧提把再上滚边及拉链。

❀4 上盖图案布缝上拉链另一侧，置物篮与上盖内侧的连接处贴上挡布1片，即完成。

1

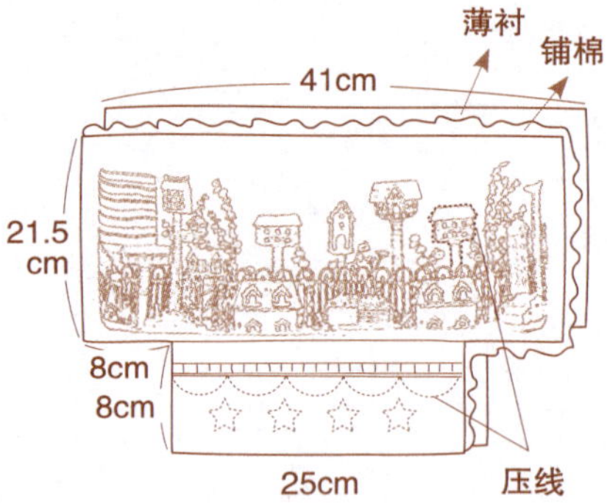

2

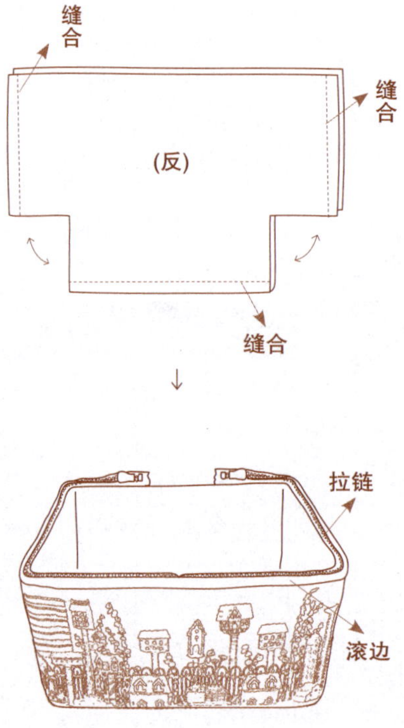

3

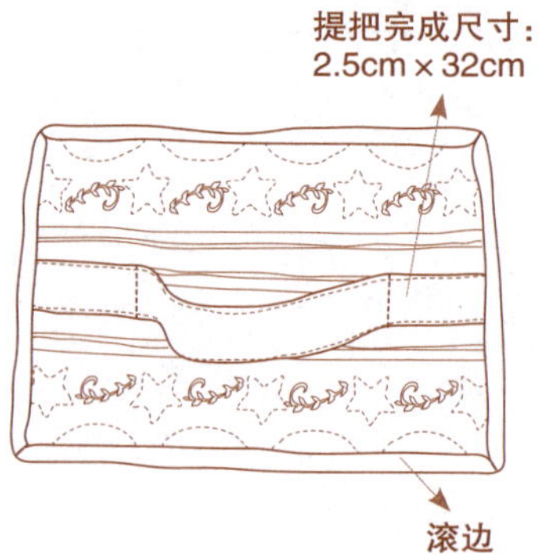

4

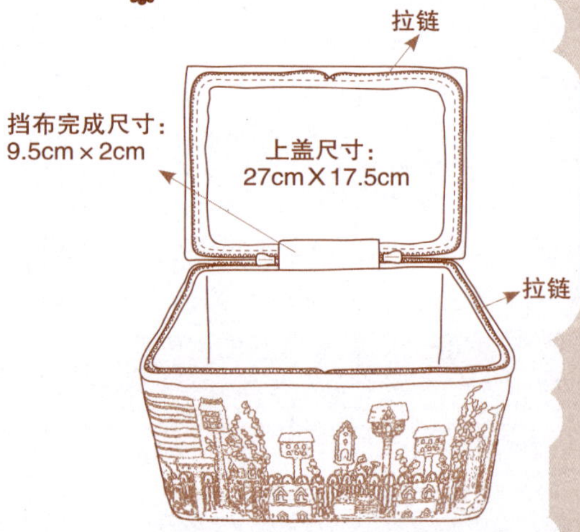

完成图

How to make

P.16 猫咪晒拼布居家抱枕

材料

图案布1片
浅色底色布2种各15cm
配色布4色各7.5cm
里布45cm
后背布45cm
铺棉45cm
红色麻线、原色麻线各少许
花与叶用的缎带各少许

做法

※1 拼接A成九宫格之后，再与B接缝成长条状。

※2 将长条与C图案布拼接左右两边，再接缝上下两边成为表布。

※3 于表布描绘上压缝图案之后，依里布、铺棉、表布的顺序重叠，之后疏缝固定。

※4 沿图案的四周落针压缝，并以压缝线条呈现出风的流动感觉。

※5 枝干末端以25番绣线一股用轮廓绣呈现出立体感。

※6 毛线团以红色麻线用平针绣及轮廓绣，呈现出立体感。

※7 晾衣绳以原色麻线用轮廓绣，呈现出立体感。

※8 花朵、叶子用缎带刺绣(法国结粒绣及直线变化绣)，呈现出立体感。

※9 后背布37.5cm×30cm2片重叠15cm与表布中表缝合，缝份施以拷克后，翻至正面即完成。

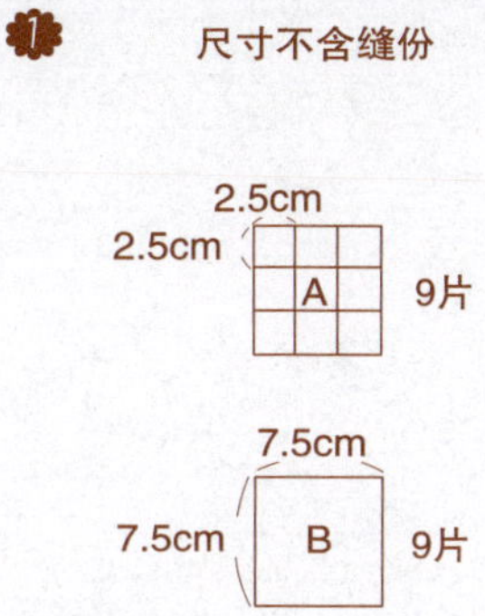

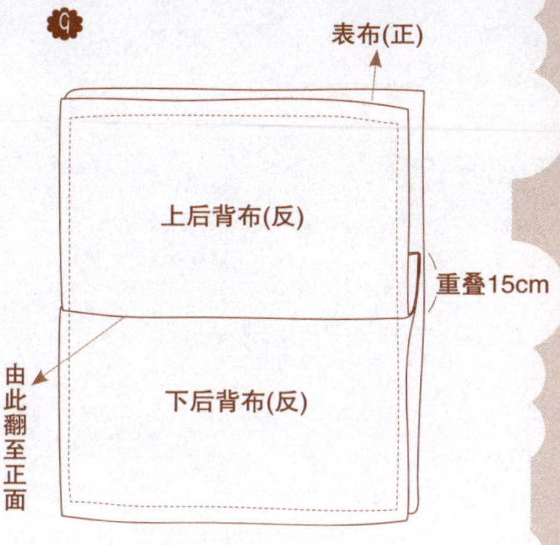

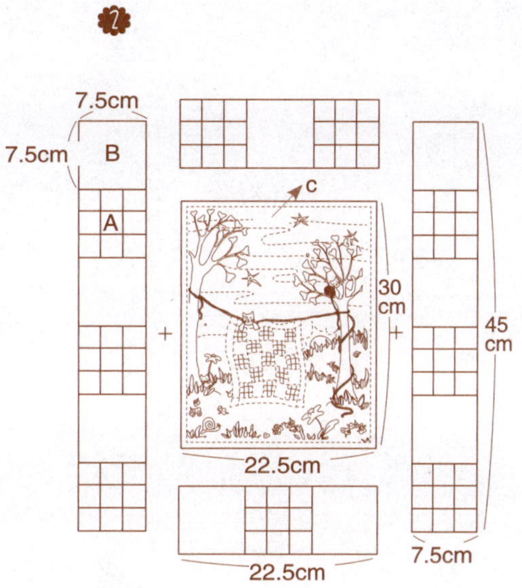

完成图

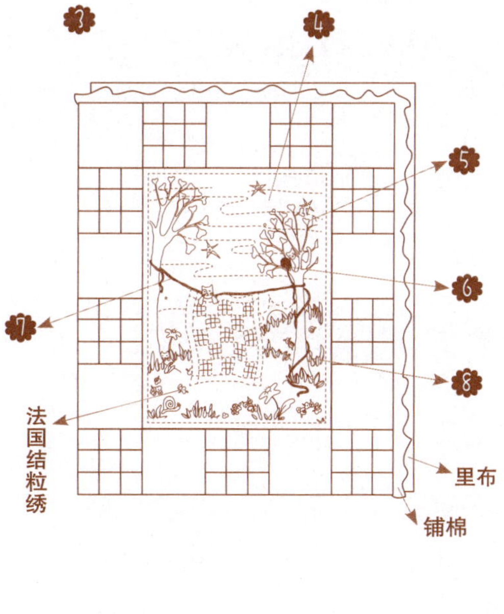

动手做吧....

How to make

P.17 南法的熏香店袋中袋

材料

硬衬25cm×37cm2片
表布、里布各27cm×39cm
外口袋布(图案布)27cm×30cm2片
内口袋布(有立体口袋)10cm×32cm2片
口布布衬3cm×19cm2片
口布布料8cm×22cm2片
缎带2cm宽约60cm长(需重叠3cm固定)

❀1 将外口袋(图案布)先车翻后，置于表布上固定。

❀2 先车缝两侧，再折底5cm。

❀3 将做好的口袋部分固定在里布上，可设计一些放笔或口红的口袋。

❀4 同样车缝里布两侧再折底5cm。

❀5 裁口布2片，布的反面一侧分别烫上布衬3cm×19cm，左右两侧往中心折2次1cm再车缝固定，如图对折即完成口布。

❀6 将口布2片先疏缝于表、里布中间，再以直线或花样车缝袋口一圈。

❀7 最后将缎带穿过口布一圈，再加以重叠固定即可。

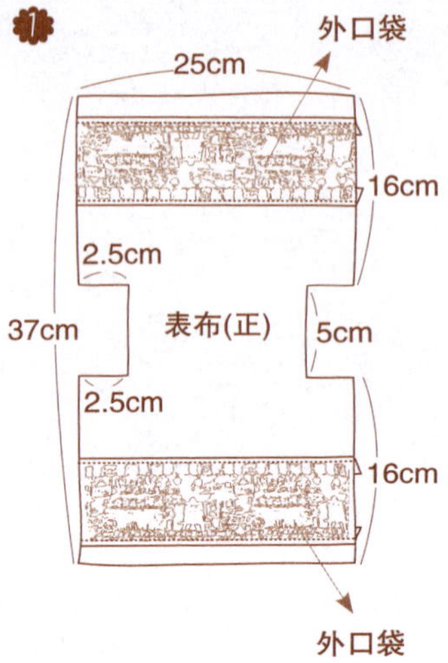

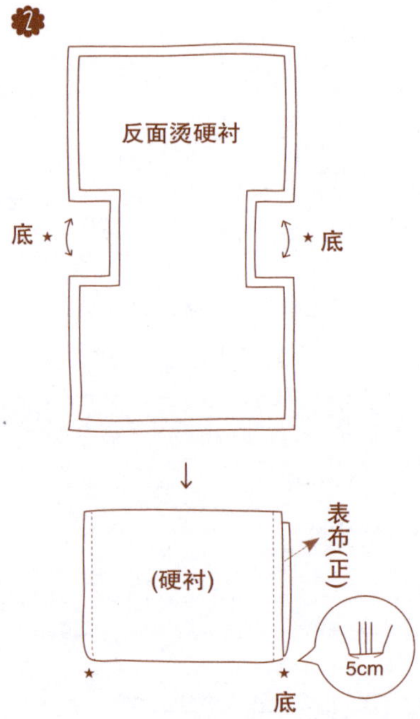

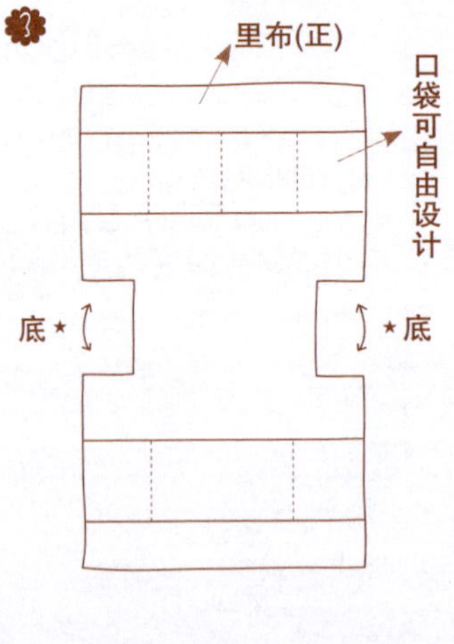

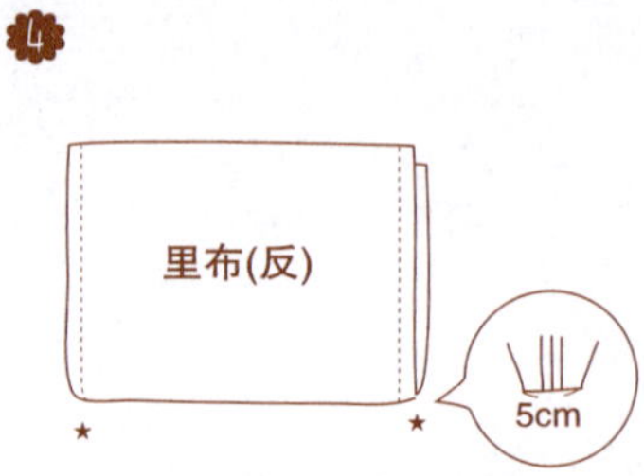

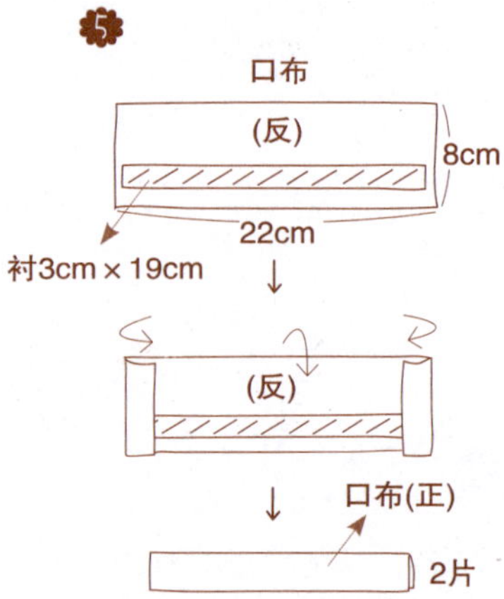

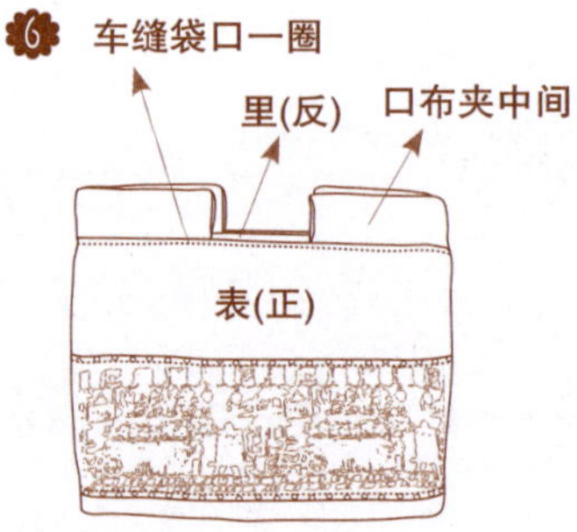

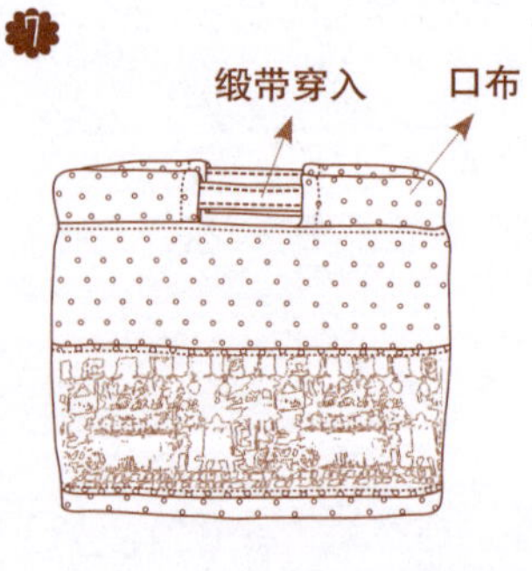

完成图

How to make

P.18 MADE针插缝纫小包

材料

表布深浅3种各30cm
配色小布片数种
里布塑胶布30cm
铺棉30cm
拉链20cm2条
皮制挂耳1条
绣线数种
装饰扣数种

做法

❀1 先将前表布缝合及贴布完成，加上铺棉→压线后再加入刺绣。

❀2 前表布后片加上铺棉→压线。

❀3 后表布前片加上铺棉→压线后再加入刺绣。

❀4 后表布后片加上铺棉→压线。

❀5 前、后表布加上里布上端先滚边再缝上拉链。

❀6 前、后表布后片由完成线内3cm处做中间内口袋车缝完成。

❀7 前、后片分别由两侧滚边完成。

❀8 分别缝上装饰扣。

❀9 皮制外挂耳缝于袋身右边即完成。

※双口袋大容量的设计，随意的外挂耳设计，方便外出时挂在随身的包包里。

1

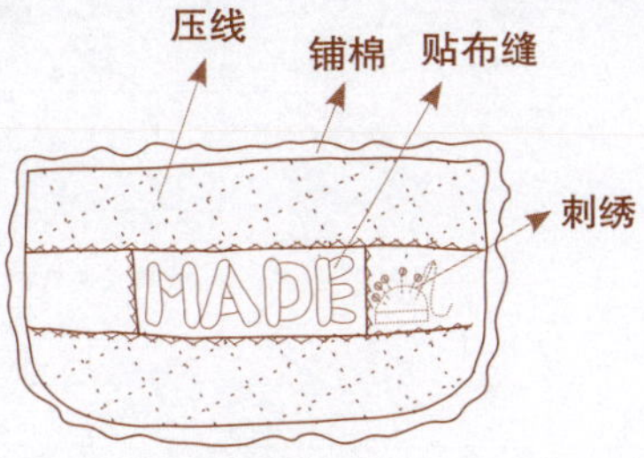

Ⓐ 前表布前片

2

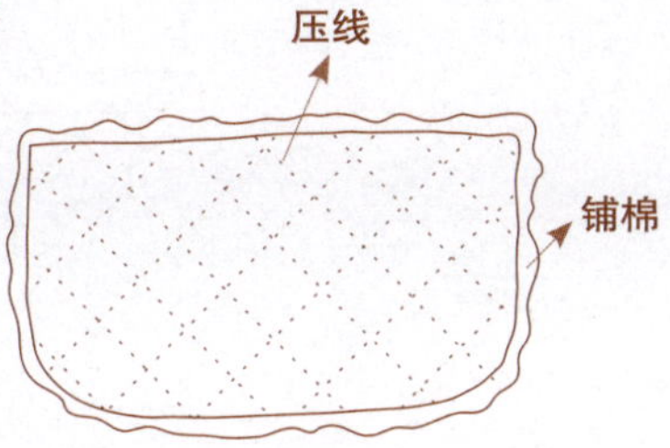

Ⓑ 前表布后片

3

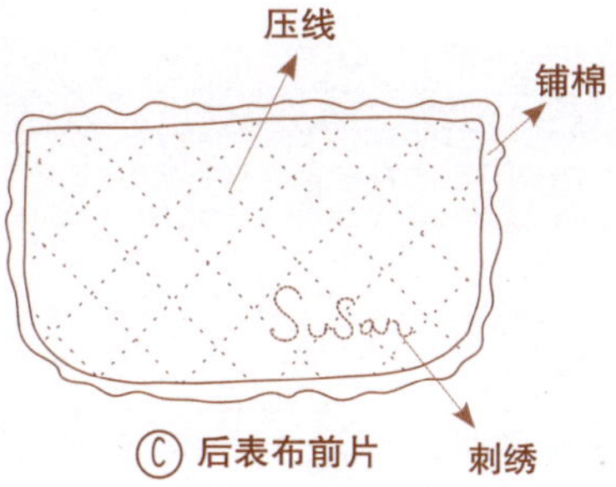

Ⓒ 后表布前片

4

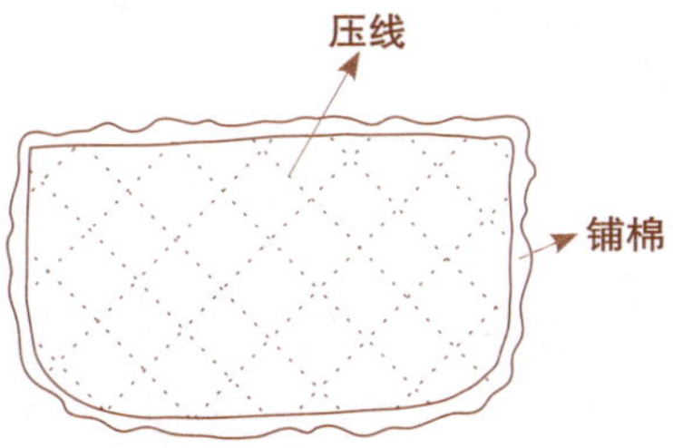

Ⓓ 后表布后片

5

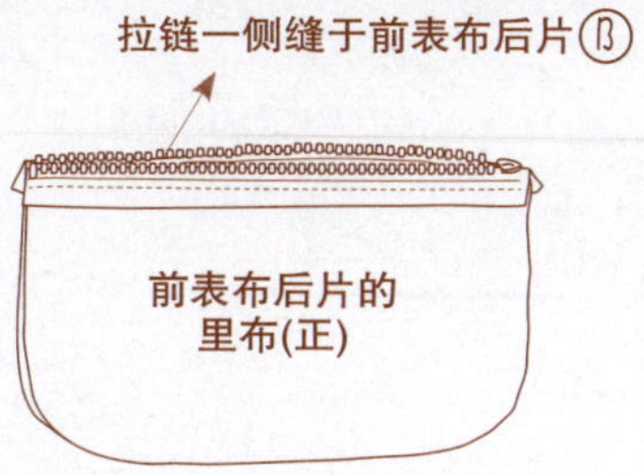

6 中间内口袋

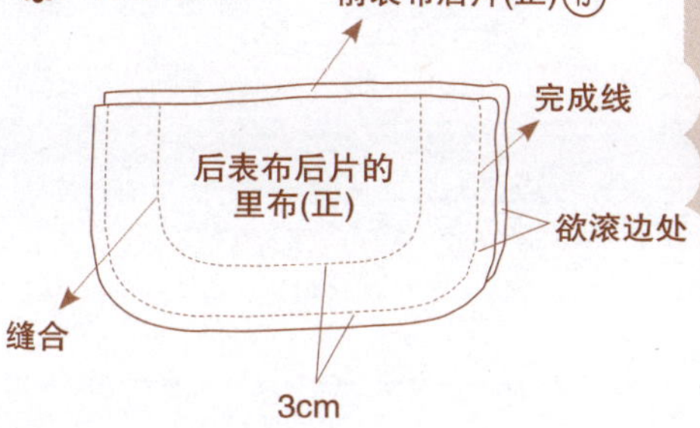

7

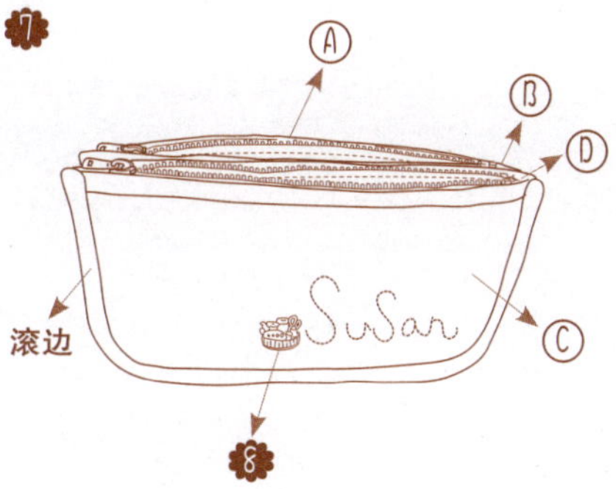

9

完成图

动手做吧……

How to make

P.20 时尚洋裁工具盒

材料

用布量及布衬（未含缝份）
20.5cm×20.5cm2片（上盖）
17.5cm×6.5cm2片（下盒前、后片）
34cm×17.5cm1片（盒底）
11.5cm×17.5cm1片（中间隔片）
房子形如图左、右各2片
胶板

做法

❀1. 先将表布两片拼缝完成，上边与上边先接缝。
❀2. 裁剪胶板：
20.5cm×20.5cm2片（上盖）
17.5cm×6.5cm2片（下盒前、后片）
34cm×17.5cm1片（盒底）
11.5cm×17.5cm1片（中间隔片）
房子形如图左、右各2片。
❀3. 所有胶板贴上双面胶，粘贴上铺棉，与胶板同尺寸。
❀4. 粘贴好胶板背面，边缘贴上双面胶，再粘上与胶板尺寸相同外加1.5cm缝份的表布。
❀5. 再依序将胶板用针线缝合固定。
❀6. 裁剪比胶板各边少0.25cm的厚衬单胶，外留1.5cm缝份，将缝份各片往背烫起折起缝份，车缝各片1cm固定内里。
❀7. 再将各片里布以白胶粘贴即可。
❀8. 再固定上盖于盒面上，即完成。

1

上盖拼接完成

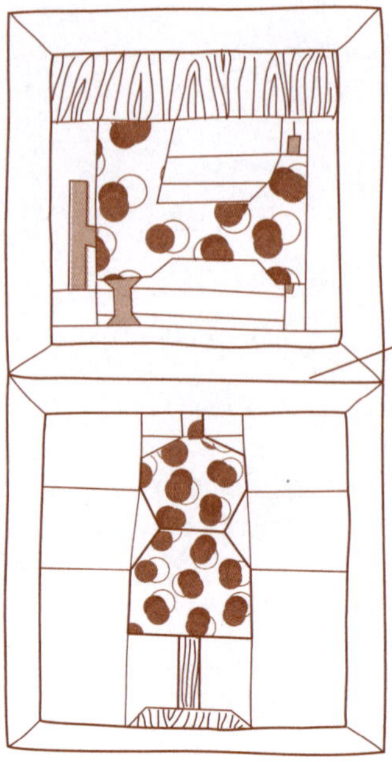

2

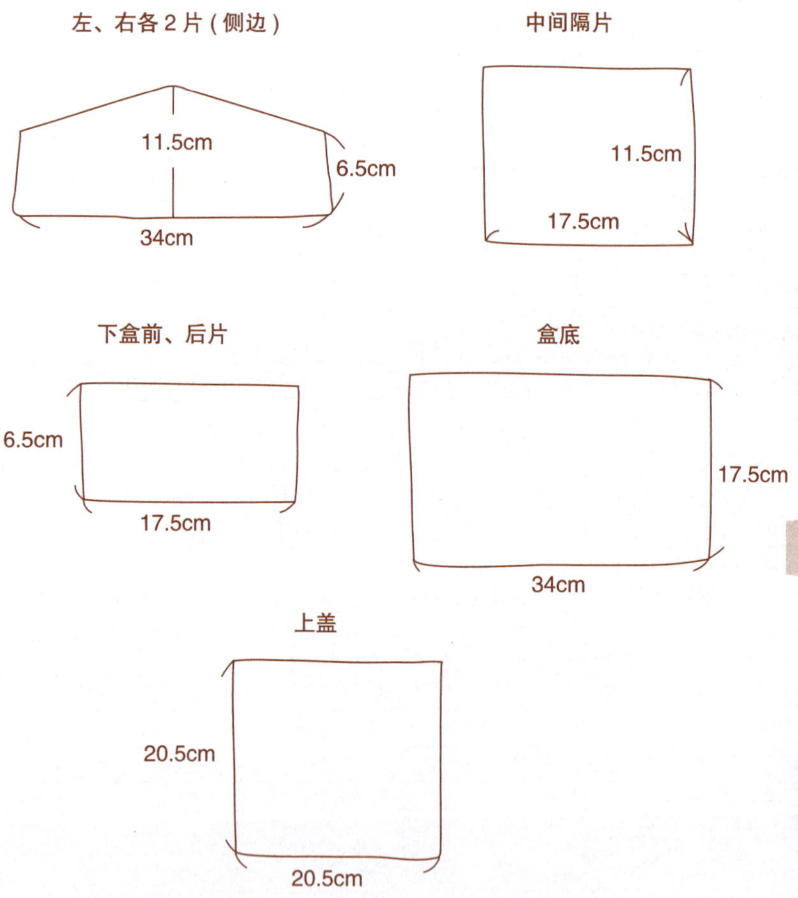

How to make

3

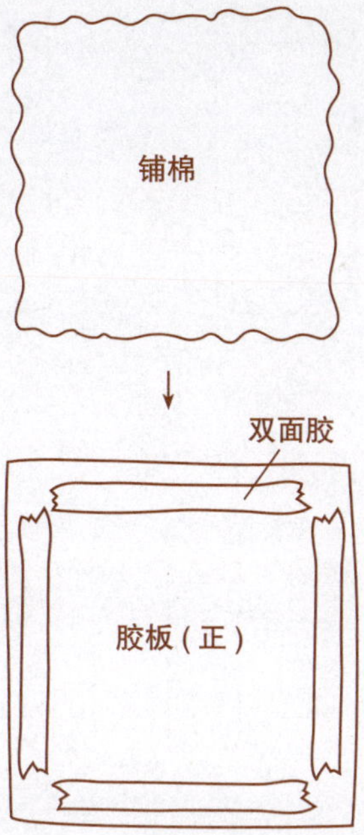

4

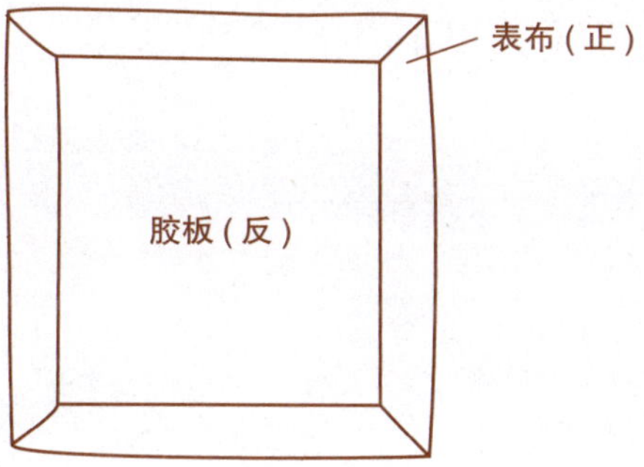

5

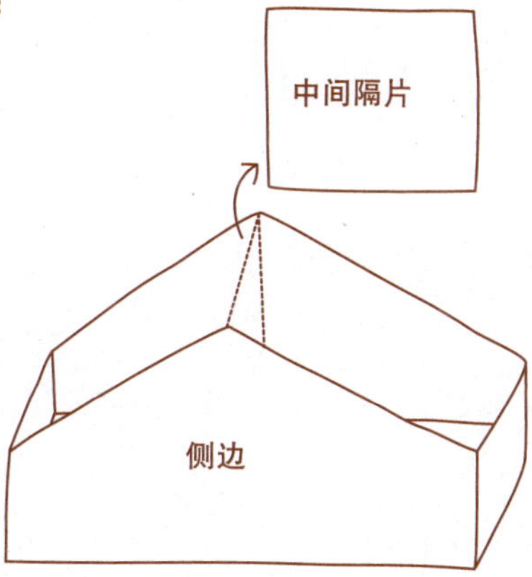

组合

6

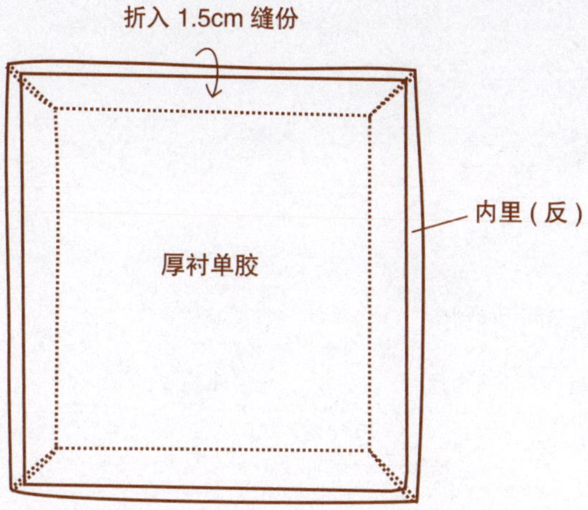

7

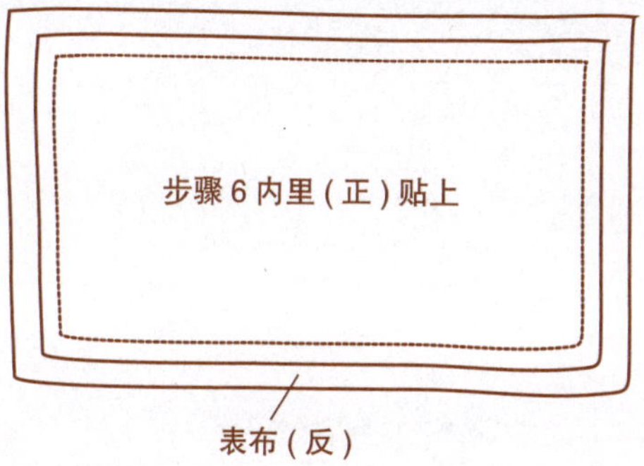

8

完成图

动手做吧……

How to make

P.21 复古缝纫机收纳小壁饰

※ 注：衬衫折法可参考 NO.12 期 P.60。

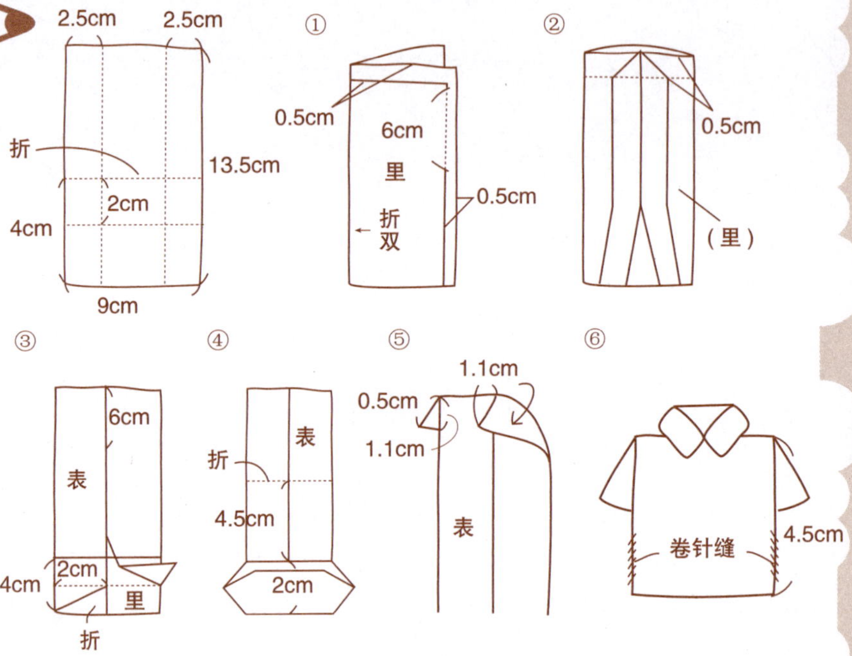

材料

表布（底）45cm
背布 45cm
铺棉 45cm
薄衬 60cm
拼接布 7.5cm
滚边条 4cm×120cm
挂布条 8cm×25cm
母子贴

做法

1. 找出一块素色布当底色，裁 35cm×25cm，再将图上尺寸位置用水消笔在表布上做记号。
2. 将表布＋铺棉＋薄衬，压线处理。
3. 缝纫机的口袋设计（15cm×20cm）：先拿一块跟底色一样的素布，将缝纫机图形描上，用贴布缝的方式缝上缝纫机图形，外加一些折纸的巧思，折上一件衬衫，缝在机器上。
4. 放置剪刀位置：先将剪刀的手柄处描好贴上，再车一块剪刀口袋，外围压一圈。
5. 针包：以原尺寸将图形描在布上，再依位置顺序缝合，一个圆在外圈以上下针来回缝，拉起塞棉，底部裁直径 4cm 的圆厚纸板，缝上母子贴即可完成。
6. 最后将步骤 3、4、5 全部车在表布的位置上，分别车缝好。
7. 裁 8cm×25cm 的布做背后的挂布条，与滚边一起完成。

4

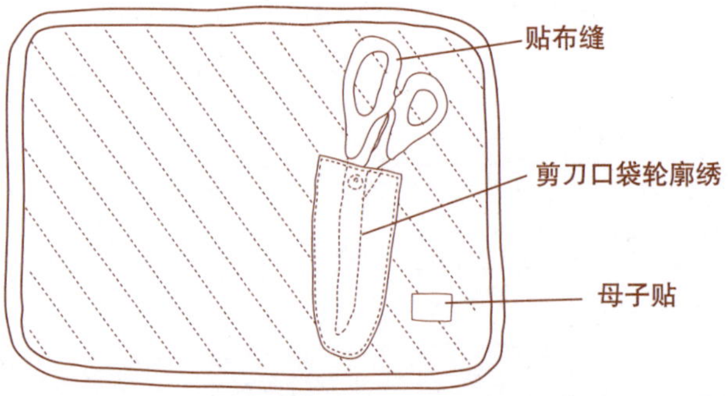

5

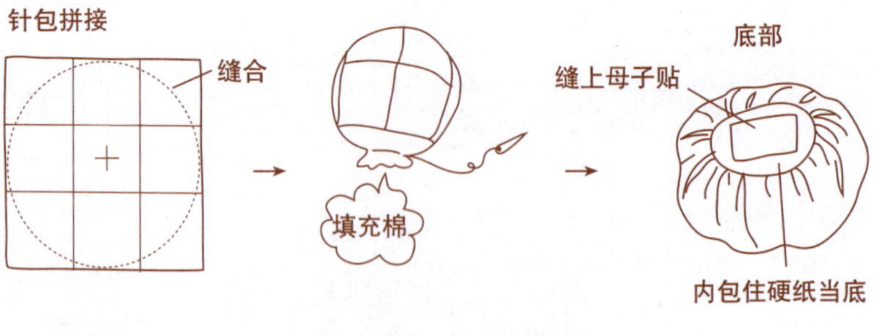

1 2

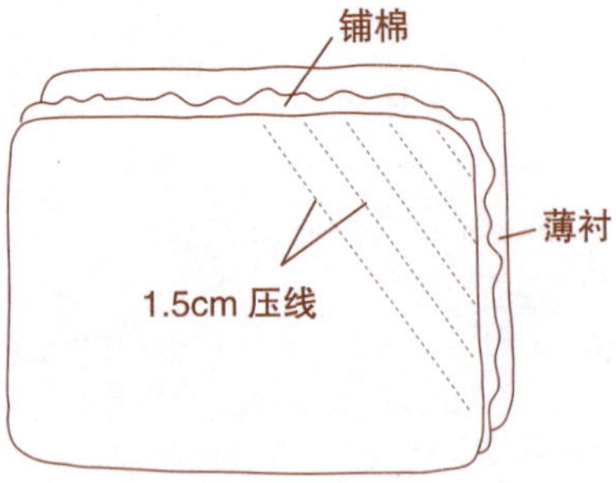

3

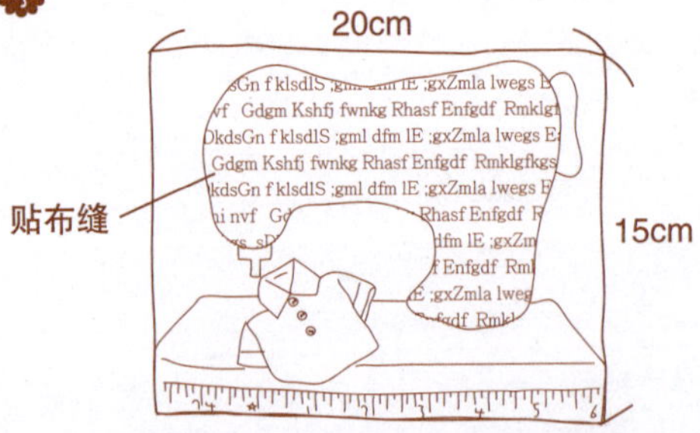

6 7

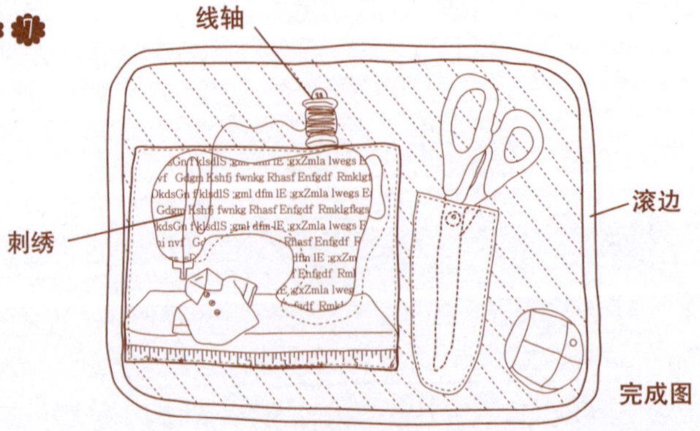

How to make

P.22 我爱Bernina小提袋

材料

主布 60cm(含口袋用布)
里布 30cm
图案贴布缝用布：30cm
圆形扣 9 颗
花扣 22 颗
白色不织布 少许
绣线(咖啡色、红色)
拉链(12cm、25cm)
铺棉

做法 ※ 尺寸皆已含缝份

- 1. 主体布裁 28cm×48cm 加铺棉，一起压线。
- 2. 将缝纫机的图案布剪下反面烫上奇异衬，再烫贴于表布上缝合固定，再缝上扣子与刺绣装饰。
- 3. 口袋布裁 22cm×18cm，反面烫上厚布衬(厚布衬尺寸：20cm×16cm)，将剪刀图案布的反面烫上奇异衬，再烫于口袋布上缝合固定，口袋的袋口处与 12cm 拉链缝合固定，拉链另一侧缝合固定于主体布上，口袋布的左、右、下方折入缝份后再缝合固定于主体布上。
- 4. 将步骤 3 对折(布的正面相对)，袋口处缝上 25cm 拉链，再缝合侧边与底，并抓三角袋底(7cm)，完成表袋。
- 5. 裁提把用布：30cm×4.5cm2 条，反面各烫上厚布衬 28cm×1cm，再将四周缝份折 1cm，布对折成 30cm×1.25cm(布的正面相对)，四周缝份折好，缝合固定于表袋上。
- 6. 里布一片同步骤 1 主体布的尺寸，反面烫上厚布衬(厚布衬尺寸：26cm×46cm)，对折(布的正面相对)缝合侧边与底，再抓三角袋底(7cm)完成里袋。
- 7. 将里袋套入表袋内(布的反面相对)，里袋的袋口处缝份往反面折，再藏针缝于拉链处即完成。

1 尺寸已含缝份

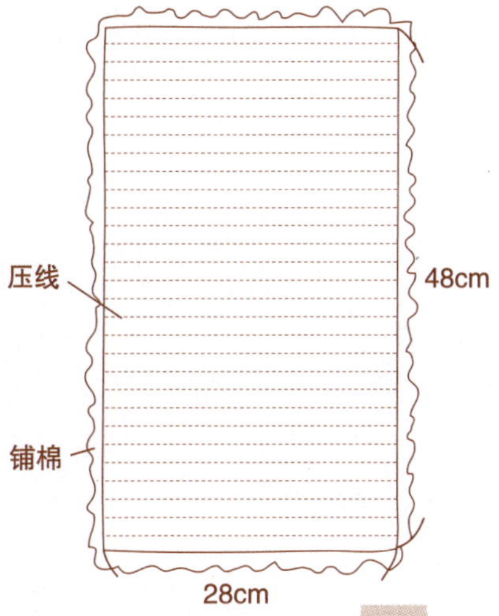

2

3

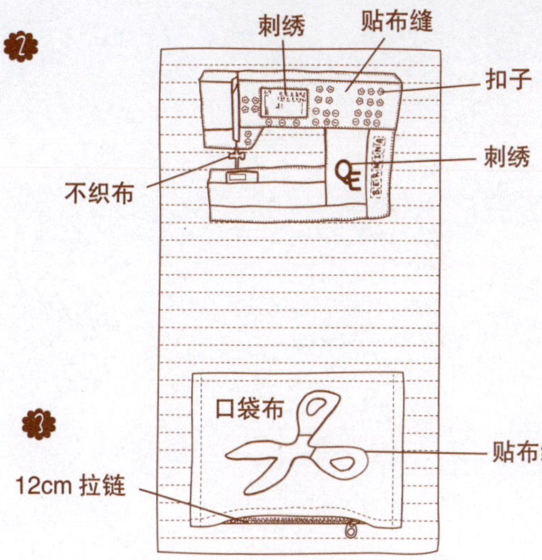

4

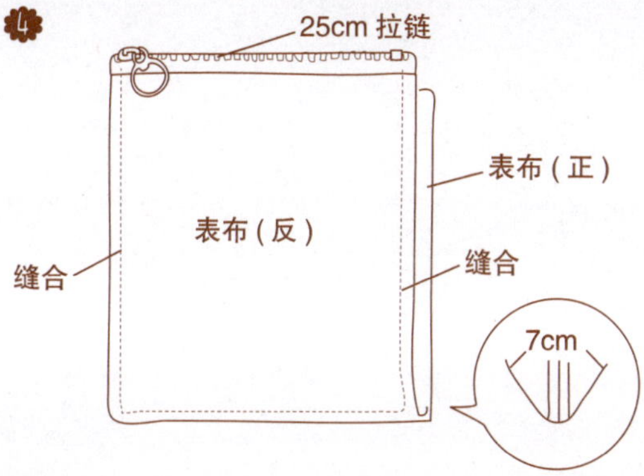

5 提把

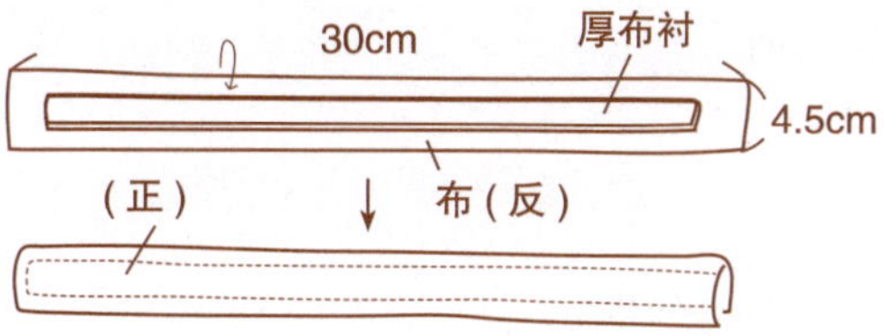

6 7

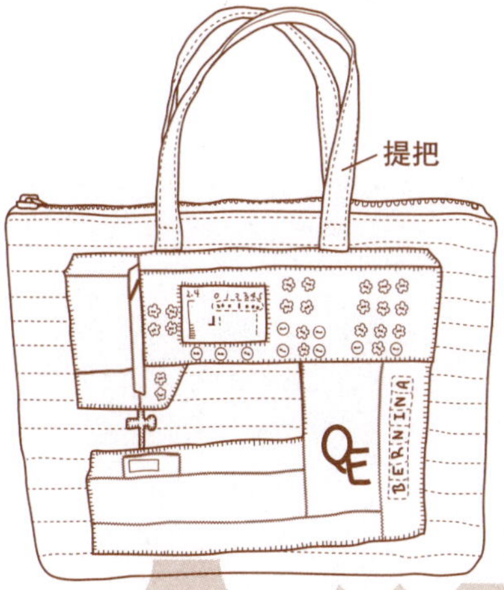

完成图

P.19 工具置物盒化妆包

材料

素色布 45cm×55cm
花布 10 ~ 12 色少许
蕾丝少许
缎带、绣线少许
小线轴 2 颗、中线轴 2 颗
15cm、26cm 拉链各 1 条
内里布 30cm
铺棉 30cm×40cm

做法

- 1. 将图形画在本体上。
- 2. 做贴布。
- 3. 绣上纺织玫瑰、背面的幸子玫瑰等。
- 4. 铺棉再压线。
- 5. 组合。
- 6. 内袋可依自己需求自由制作。
- 7. 上滚边条。
- 8. 上拉链即完成。

1 2 3

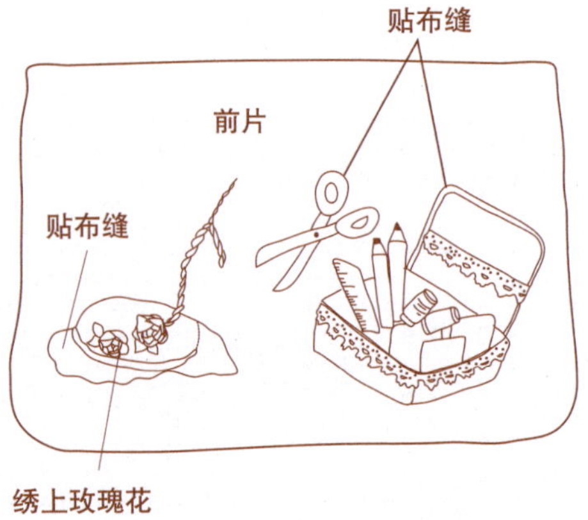

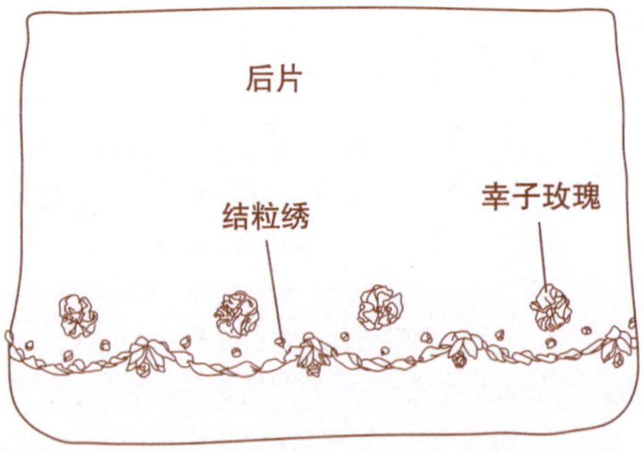

4 5 本体 2 片布的正面相对，缝合两侧完成表袋。

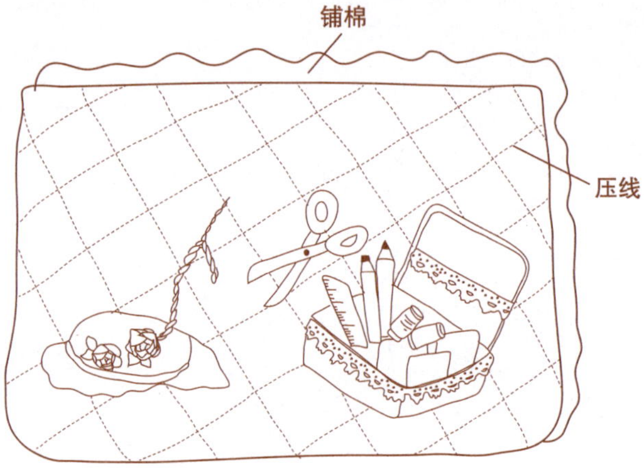

6 内袋同步骤 5 表袋完成。

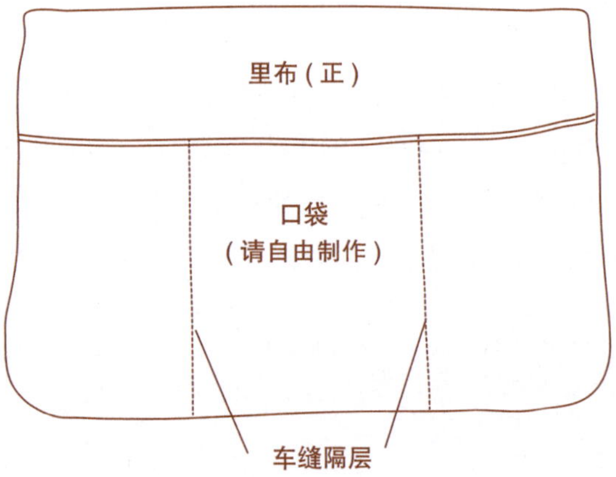

7 8 内袋套入表袋内（布的反面相对），缝上滚边及拉链。

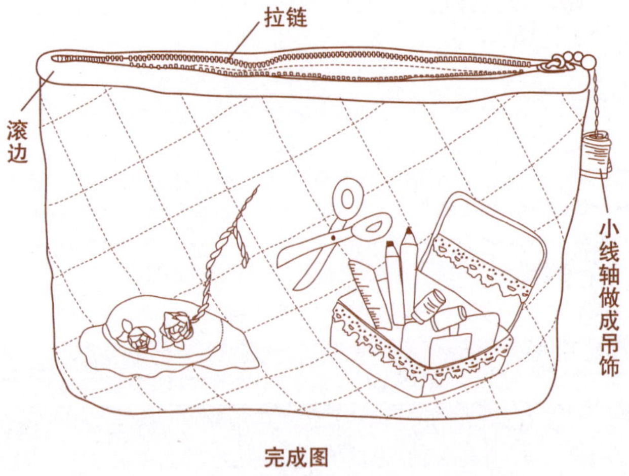

完成图

How to make

P.36 粉领贵族・购物包

材料

表布 60cm(防水布)
里布 60cm
贴边布 34cm×7cm4片
提把 42cm×6cm2片

做法

❀1. 表布 2 片各如图抓褶，抓褶处缝合固定。
❀2. 贴边布一片与表布的正面相对，缝合固定。
❀3. 里布 2 片同步骤 1、2 完成。
❀4. 提把 2 片各 42cm 处往布的反面折 1cm，布的反面相对于正面处上、下压缝固定(另一组相同方法完成)。
❀5. 将步骤 4 的提把倒放，固定于表布上(另一片相同方法)。
❀6. 步骤 5 完成的 2 片表布的正面相对，缝合 U 形完成袋身(里布也相同方法，但一侧边需留返口)。
❀7. 将表袋套入里袋内(布的正面相对)，袋口处缝合一圈。
❀8. 从步骤 7 里袋预留的返口处翻至正面，返口处缝合即完成。

4 提把 2 个

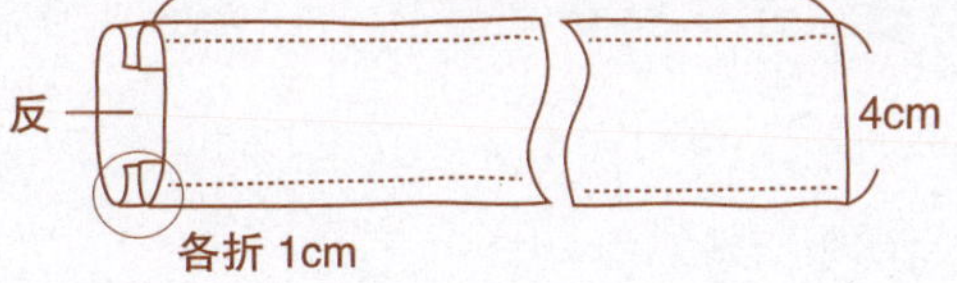

5

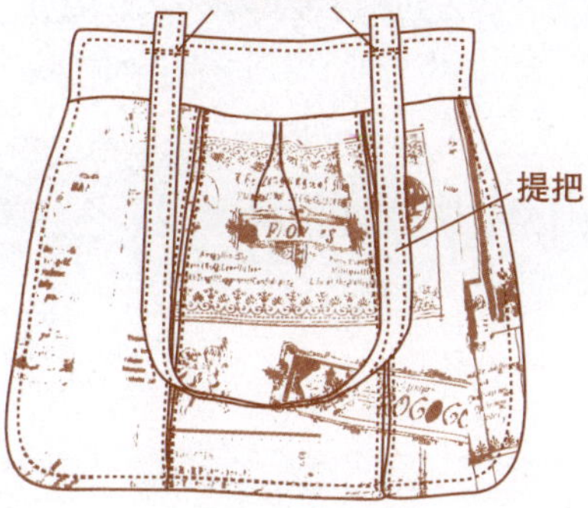

6

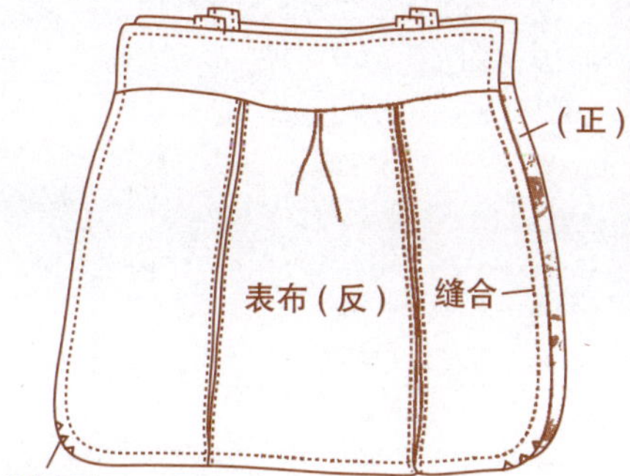

1

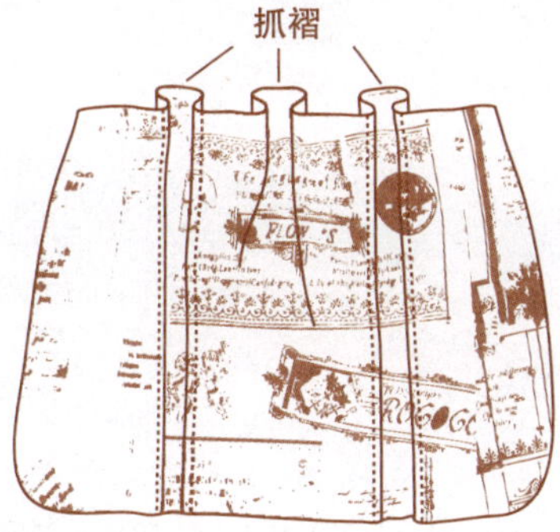

2 3

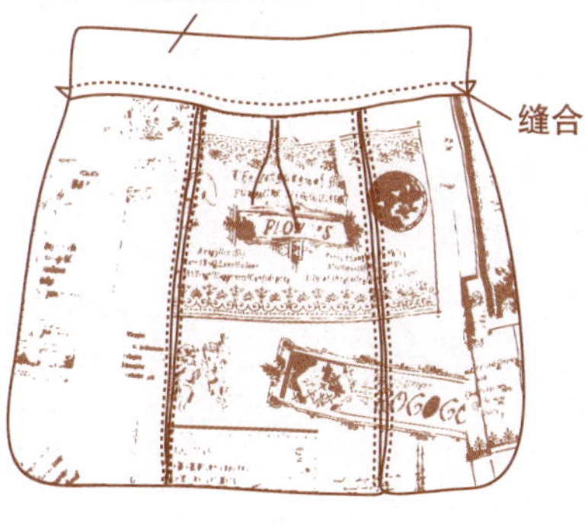

7

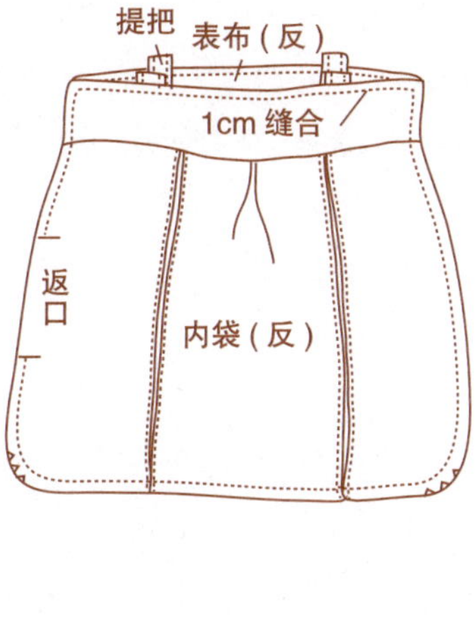

8

完成图

P.37时尚艺术家·旅行包

材料

表布 60cm
口袋布 60cm
里布 60cm
钉扣 2 组
提把
拉链 40cm
铺棉

做法

- 1. 前片、后片、底各与铺棉一起压线。
- 2. 裁口袋布 2 片，各与铺棉一起压线，压线完成后上方滚边完成。
- 3. 口袋布各与前片、后片疏缝固定两侧后各打上钉扣，再与底接合成一片，左、右侧各滚边完成（此时裁剪同尺寸的里布一片，反面烫上厚衬）。
- 4. 步骤 3 对折（正面相对），卷针缝合两侧，两侧再抓三角形袋底（16cm）。
- 5. 袋口处滚边完成。里布同步骤 4 完成里袋。
- 6. 步骤 4 翻至正面，将里袋套入。
- 7. 翻至里袋（正）袋口处缝上拉链。在袋口内的两侧同袋底做法各抓 3cm 三角形，缝合固定。
- 8. 翻回正面，缝上提把即完成。

1 前片

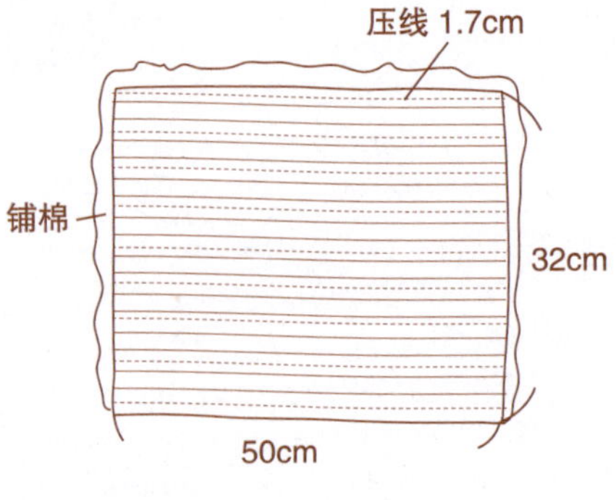

底

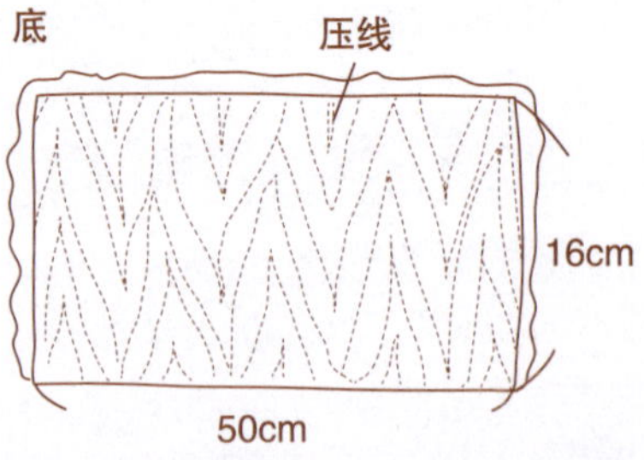

2

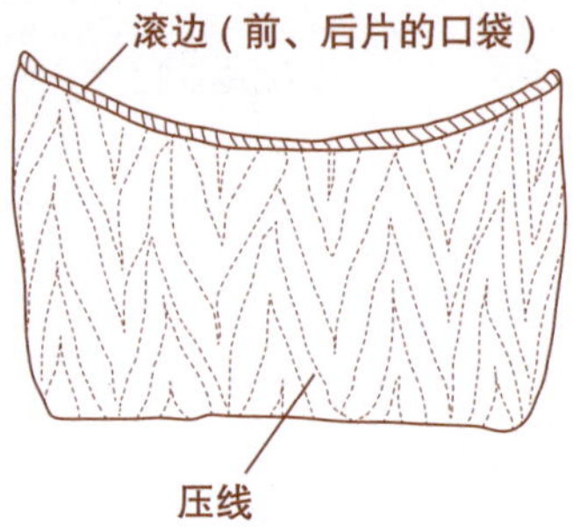

3

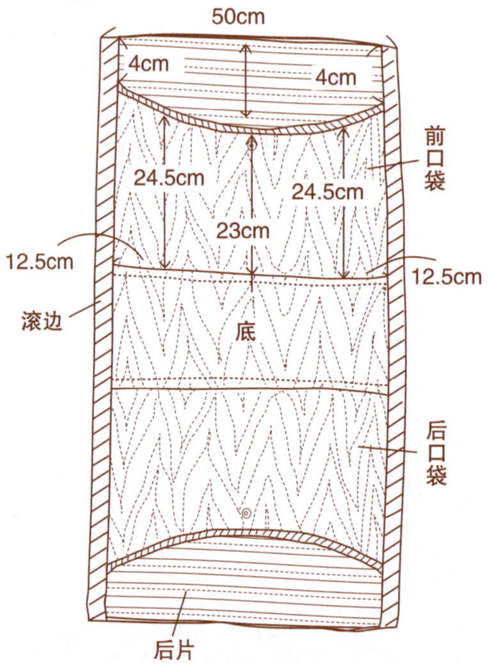

4

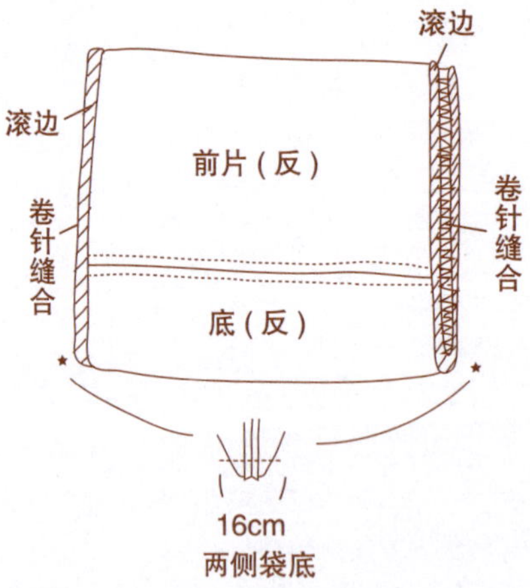

5 6

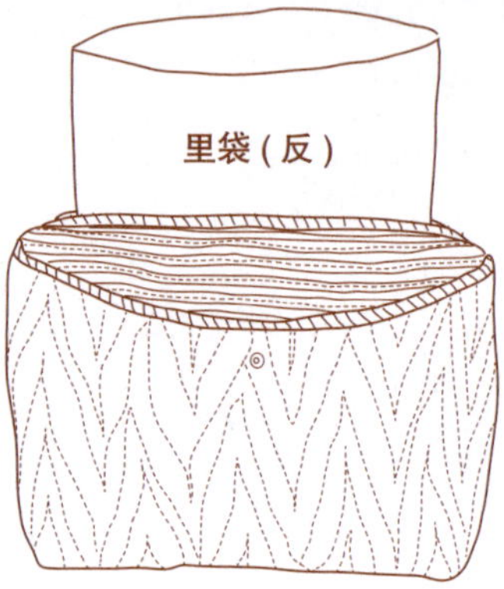

7

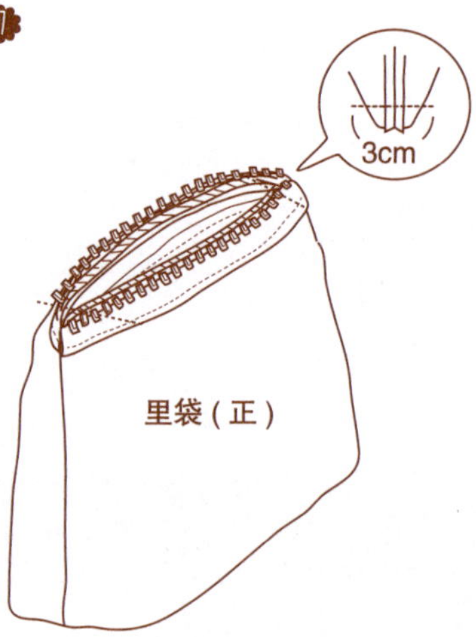

8

完成图

How to make

P.40 圣诞礼物·随身小包

材料

表布 30cm
里布 30cm
铺棉 40cm×30cm
烟囱用布
窗户用布 10cm×10cm
肤色、红色不织布
绣线：咖啡色、白色、红色、土黄色、绿色
口金框 1只
拉链 25cm1条

做法

1. 表布及所有布片依纸型裁剪，图稿描绘于表布上。
2. 将烟囱、窗户贴布缝固定，手、脸、衣服、帽子、礼物立针缝固定。
3. 烟囱上的砖块：立体扣眼绣（2 本）、回针绣（2 本）。
4. 窗框、梯子：锁链绣（4 本）。
5. 圣诞老人的胡子及帽子上的绒球：绒毛绣（2 本）依针距来调整浓密。帽檐使用铺棉，立针固定。
6. 圣诞老人的眼睛：结粒绣（3 本）。
7. 礼物：依线条填满，并打蝴蝶结。
8. 铺棉。
9. 表布、里布缝合，制作三角底，中表缝合，翻至正面。
10. 口布下方 1.5cm 缝制拉链至止缝点。
11. 再将 1.5cm 往内折固定，缝至止缝点。
12. 装上口金框。
13. 拉链头处里：可用包扣或布，即完成。

1～7

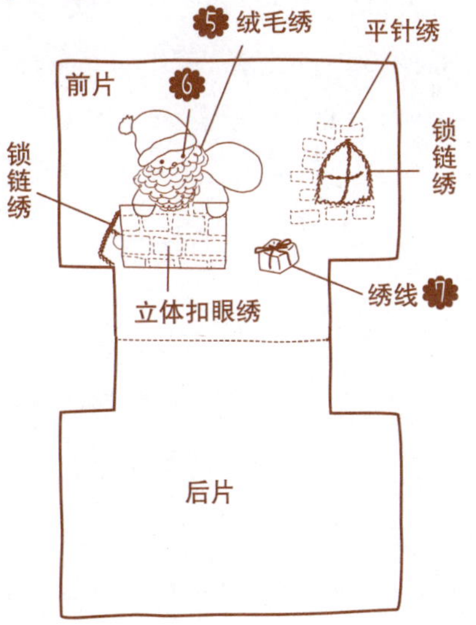

8

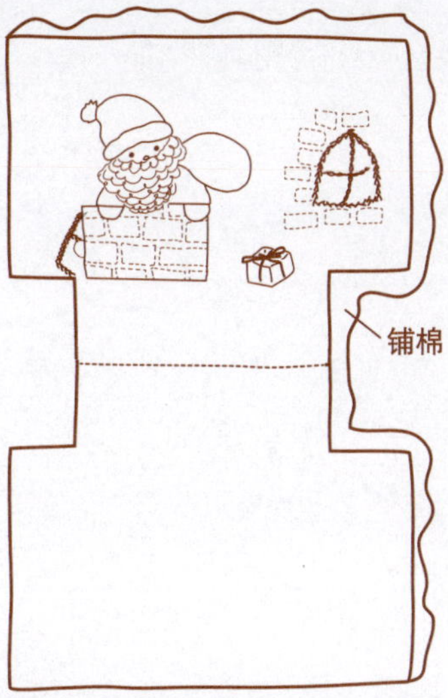

9

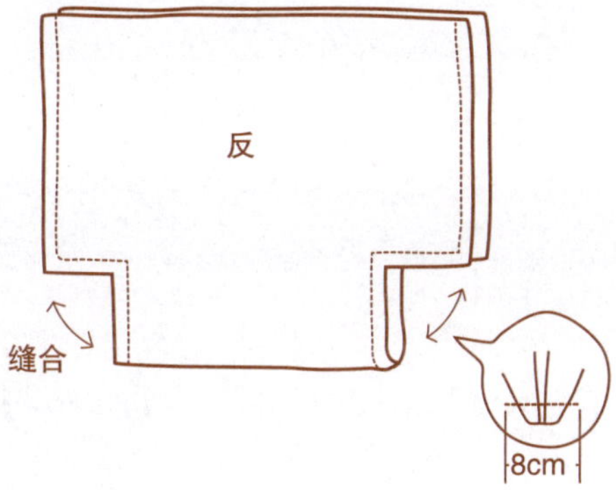

10

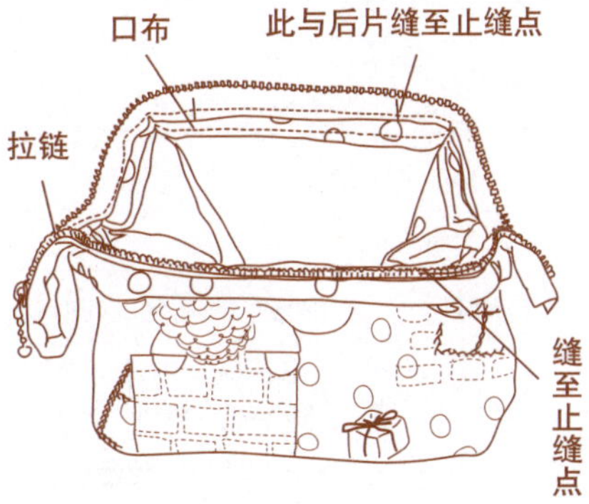

11

12

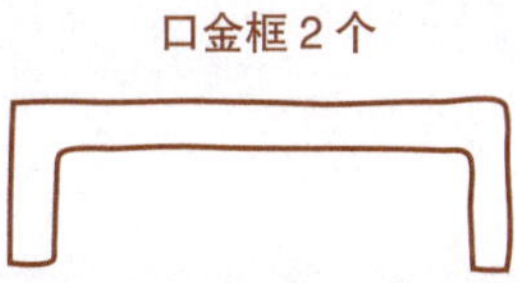

13

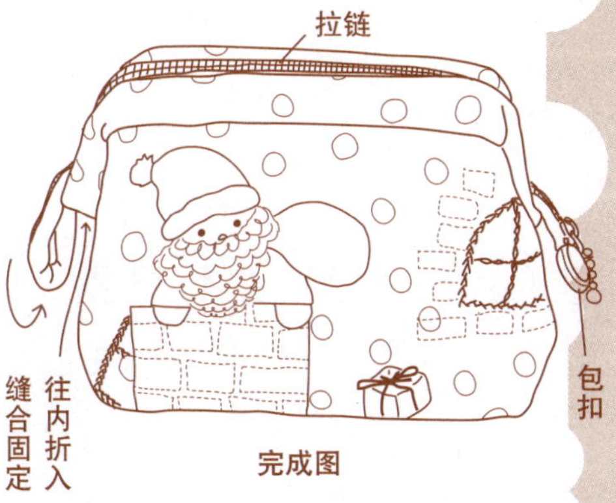

动手做吧……

How to make

P.42 厨房多功能收纳袋

材料

编织用布两色各 90cm
表布 90cm
图案布 45cm
后背布 90cm
铺棉 90cm

做法

- 1. 先完成图 A 与图 B 的部分。将图案布背后烫上奇异衬。剪下喜爱的图案烫在 30cm×20cm 的表布上。表布＋铺棉＋后背布三层车缝。
- 2. 将编织的部分完成，与图 A、图 B 连接车缝。图 A、图 B 四周滚边。
- 3. 底布三层车缝，四周滚边。
- 4. 将完成的两组图 A、图 B，依 A、B、C、D 的位置车缝即完成。

2

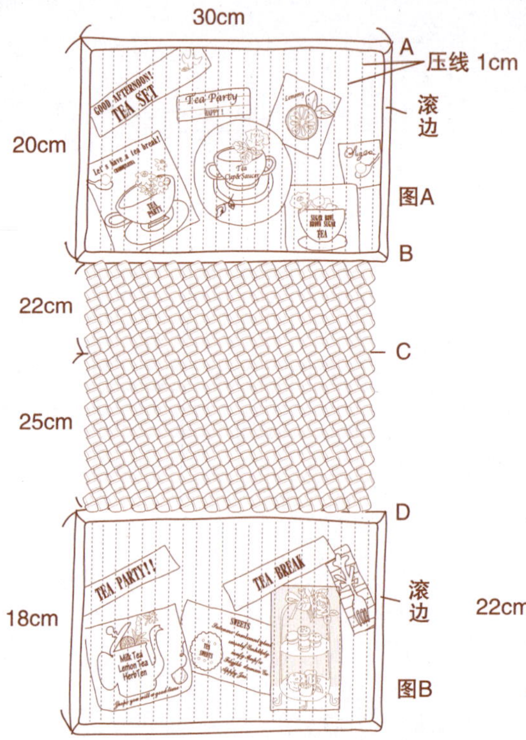

3

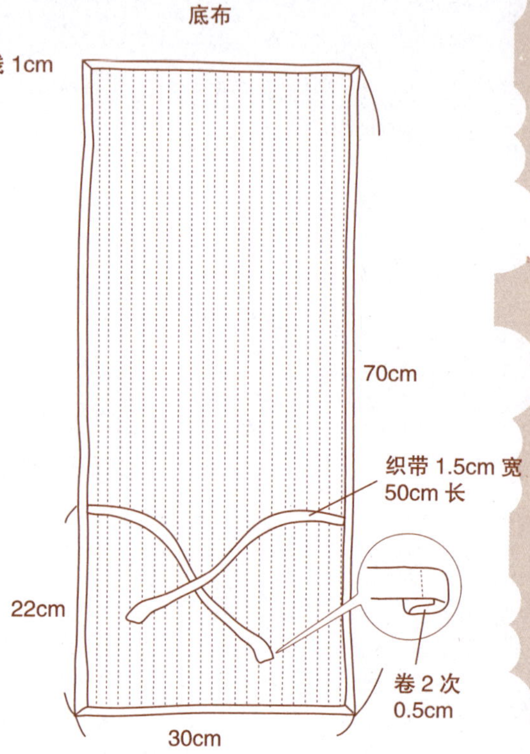

1

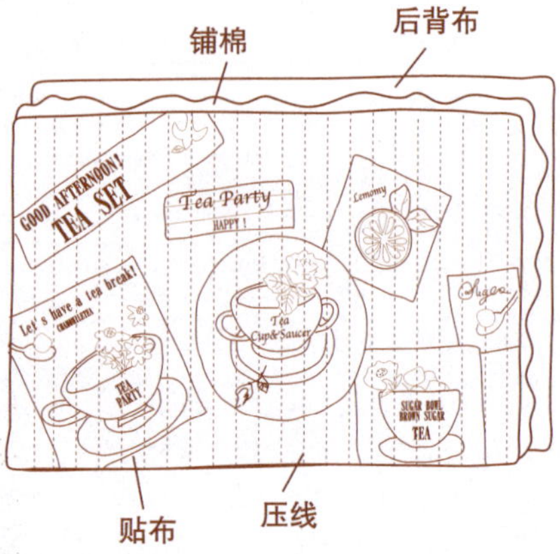

4

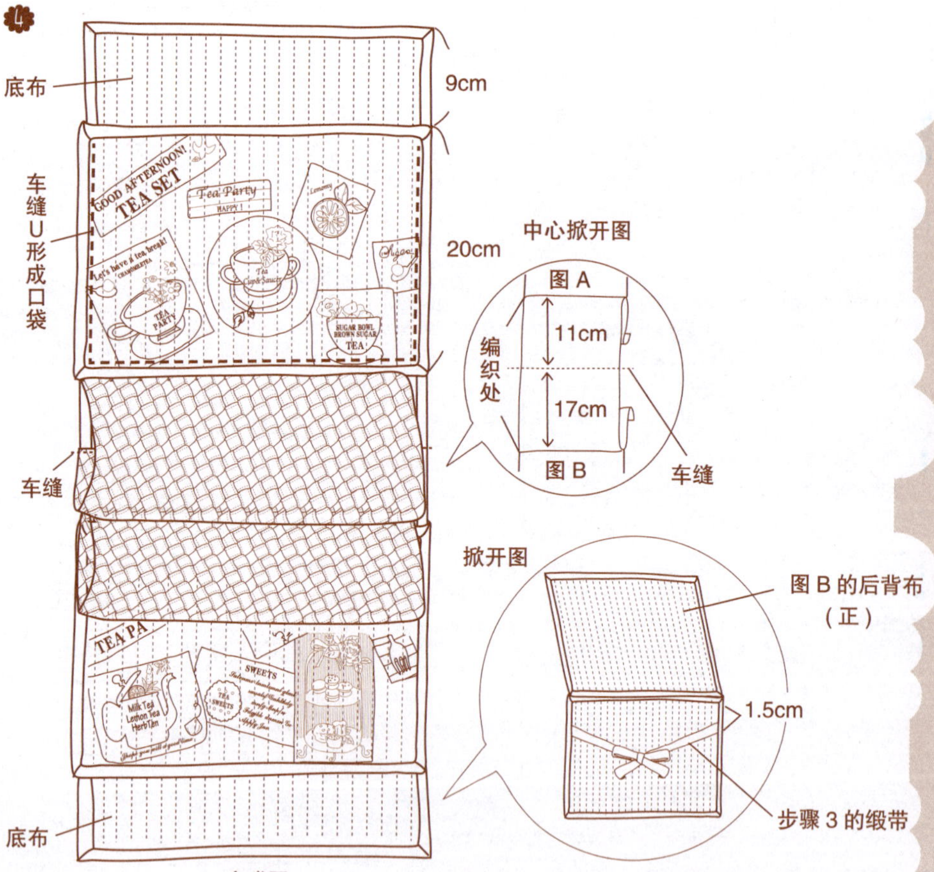

完成图